紳士的
日常 紳士時尚
經典風格選物

250 Dandy Selects

CONTENTS

Part1 關於紳士

Part2 紳士的衣櫃

////////// 西裝 SUITS //////////

皮鞋 LEATHER SHOES

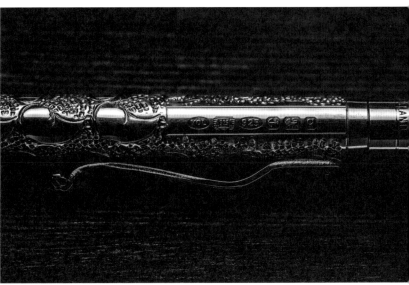

配件 ACCESSORY

文具 STATIONERY

修容用品 HAIR, SHAVING & GROOMING

Part3 紳士的內涵

Part4 訂製一位紳士

PART 1

關　於　紳　士

ALL ABO
GENTLE

紳士的定義 ———
閱歷，映照出他的樣子

資深時尚媒體人、《袁青時尚學》/
作者 袁青

紳士應該是由內而外，涵蓋氣質與品味的內化，重點在於個人的閱歷。累積生活經驗與知識，當你懂得分辨好壞，就不會被當成笨蛋了。

紳士精神

紳士並不是泛指「穿上西裝的男人」，這個稱呼應該更接近一種內化的氣質。從容、自信、不造作，這三個特質可說是紳士的基本架構。此外，幽默感、對未知的事物有勇氣，以及同理心；願意去嘗試，理解不同風格的事物，自己未必接受，但尊重其他人的判斷。這些都是對於「紳士」這個名詞，常見的具體指涉。從這些條件去反推，一位從容、雲淡風輕、有同理心，同時也很幽默的男仕，通常也是一個閱歷很豐富的人，豐富的人生經驗與見識，才能支撐著他的從容不迫以及自信幽默。

人生的閱歷無法量化，或用金錢一次買斷。人的際遇、參與的活動，以及投注的時間，都會雕塑出一個人的氣質。讀書、參加活動、有勇氣嘗試不同事物，都會滋養你的氣質。和這樣的人相處，就會感覺舒服自在、沒有壓力；感覺對方很博學，但又沒有自負或粗暴的負面情緒，這都是紳士必備的基本氣質。

認識場合，
認識自己

外在是內在的反映。而想要經營外在，首先便要知道自己的場合與身分。場合就像是一個主題，如果只考慮自己，不考慮主題，不論你穿得多帥氣，場合錯了，自己不自在，其他人看你也奇怪。場合中的衣服樣貌，都是約定俗成社會化的結果。如果你見多識廣，參加過很多活動，就會知道場合的內容，穿衣服便不會出錯。但若你脫離主題，只想表現自己，那就不是得體的穿著。

男仕的基本要求，就是從頭到腳都要整齊清潔。在亞洲，我們普遍覺得日本男生看起來比較帥，這是因為日本人很重視自己的頭髮，把髮型剪整齊，一個人就有精神。特別是髮型關係著身材與臉型，關心髮型的同時，也會了解自己的身材、臉型、優勢在哪裡。譬如寬臉男性，就不適合留長髮浪子頭；髮量少卻梳油頭，看起來頭就會更單薄。換句話說，對自己身體的了解，也是一種閱歷，了解自己的優缺點，才能隱惡揚善，用衣服、道具替自己加分。

HOW to DEFINE A GENTLEMAN

品味是什麼

如果你夠了解自己，見識也夠寬廣，就不會什麼都不懂，像個剛出社會的孩子。而當一個人看得愈多，知道的東西愈多，漸漸就具有分辨東西好壞的能力，這種能力便叫做「品味」。當你懂得分辨不同物件的價值，就可以知道這個東西該如何使用，該怎麼比較優劣，買東西時，就不會被當成笨蛋了。但這不表示品味是用金錢堆砌的，不懂如何分辨物品好壞，才是沒有品味。每一個人做過的事情，都會內化成為自己的一部分，而在做的過程中，自己也會再次吸收，進而成為知識。所以品味的養成，還是要回到人生的經驗與閱歷。

時尚的方法

男人愈早意識到自己的閱歷、氣質以及品味，就可以愈早開啟自己時尚的開關。當你開始思考，自己在別人面前會是什麼樣子？此時，你便可以探索自己的時尚方法論了。

增加閱歷，需要勇氣。以服裝來說，「顏色」就是一個最簡單、最容易的進路。款式會有門檻，但顏色沒有，你只需要找到適合自己的顏色。很多男性對於多彩繽紛的顏色有莫名恐懼，不敢嘗試。其實試過不適合又如何，再找便是；相反地，一但色彩鬆綁，很多穿搭的框架也解套了。找到一個合適的顏色，就有機會再去試試其他新的可能，色彩可以很快速的替一個人帶來新鮮感，如自己的風格已確立，便可以透過色彩和材質表現變化性，如果你累積了很多好質感的單品，搭配起來自然不會太差。

質料超過樣式

而在購買單品時，建議把握「質料超過樣式」的大原則。快時尚可以讓你擁有非常多變的風格，但質料通常不大好，款式淘汰也快。長久下來，就無法認識更好的材質，因此建議可以慢慢提升單品的品質，而不要一直花錢買品質都很類似的物件。不過像是皮衣、風衣等可以快速改變氣質的單品，就是一定要有一件。一旦遇到有需要的場合，才不會沒衣服穿。

時尚的練習，也不需要太執著於風格，多看多嘗試，會發現所謂的「風格」，到最後都會貫通，回流自己的內心。去問、去找、去做的過程，都是自己生命閱歷的累積，以及個人風格的定義。換句話說，其實紳士是需要時間養成的，各種認識和閱歷，都無法一次買齊。

紳士的
Know-How

輕熟男的倫敦時尚筆記、《英倫紳士潮》|
作者 郭仲津

想改變自己，要先勇敢離開內心的舒適圈，多看多接觸不同風格，勇敢嘗試
哪些不知道怎麼用、怎麼駕馭的單品，沒有什麼傳統是不能被打破的。

全球蔓延的
紳裝風格

這幾年，紳裝的影響力逐漸走高。探究原因，可發現訂製服在九〇年代開始復甦，
八〇年代風行全球的成衣，因為休閒化的傾向已進行到一個極致，當高端客群漸漸
無法被滿足，許多知名男裝紛紛提供訂製服務，時尚鐘擺再次盪回成衣彼端的訂製
服裝。

這樣的風氣，一部分也是拜 FB、IG 等社群新媒體的風行所賜。在以前，時尚與流行
的話語權被掌握在大眾媒體手中，但社群軟體興起，小眾事務得以快速發展，視覺
文化的大量傳播更打破了語言隔閡，紳裝的美學，也因此更為人認識。話雖如此，
當下的紳裝風潮，應還只是前半段，至少在台灣，紳裝的流行，仍屬於一個剛起步
的議題。

當大眾遭遇新鮮事物，一定是從膚淺走向專精，最初只要有就滿足了，看得愈多，
用得愈多，才能慢慢分辨好與壞。台灣也是如此，因為不夠理解，因此還有很大成
長空間。有人說：「台灣天氣熱，又沒有紳士文化，想落實紳裝日常，會不會太超
現實。」

溫室效應的確是紳裝產業的大敵，但不只台灣，義大利、西班牙都有類似現象。何
況天氣熱也不代表重要場合可以隨便穿，只要願意，透過材質和穿搭的變化性都可
改善問題。而從文化面看，早先的紳士服本就意味了身份地位的表徵。在英國，也
常可看到有些海外二代移民的穿著，甚至比英國人還要更英國。這表示服裝被作為
一種政治正確的表態，也像是個人文化歸屬的印記。

台灣沒有，也不需要上述的文化，但我們仍可單純就美感與場合的角度檢視男仕們
慣常的服裝意識。舉例來說：在英國，運動鞋就是運動穿的，牛仔褲意味休閒路線，
依活動場合選配服裝；男仕們不會堅穿牛仔褲與運動鞋的萬年組合，這件事其實反
映了他們對於細節的用心。台灣則是一個實用主義抬頭的國家，強調 CP 值、實際功
能性，美感判斷卻被放在後面。從這個角度看，男仕們實在擁有太多，能讓自己穿
得更好的機會與場合。

HOW TO BE A GENTLEMAN

Don't be shy

在台灣，會穿紳裝主要是工作或婚宴需要，大多數人都選擇規格化的西裝，重視 size、不強調自我個性；其次則是少數穿搭玩家，為了與常見的規格化區別，會表現出極致風格，很多造型連在英國當地都很難看到，但台灣的中間族群卻很少，整體呈現一個 M 型的輪廓，顯示大眾紳裝品味的不普及。對比英國，中間值的一般大眾最多，其次是習慣規格化服裝的族群，最少的是穿搭玩家；整體呈現波峰狀。

規格化表示安全，不出錯。不知為何，台灣男仕們總害怕穿得太突出，特別好或特別壞，都有壓力，導致恐懼感大於想穿好的企圖心。或許是因為我們的社會，從小到大總灌輸男性，沒事不要花太多時間打扮自己吧。

我是男人，勇敢瀟灑

想要改變，就多加練習。剛入門的朋友，建議要「善用裁縫」。要知道，買成衣，不大可能一買就符合自己身形，所以一定要修改。但在台灣，當你在專櫃買衣服，一定很常聽到姊姊們苦勸「寬寬的才好看、改短就回不去了……」。百般阻止你修改衣服。修改是太重要的服務，影響著裝後的整體效果，即便你請師傅修改，也要確認其美感符合你的期待。所以說，既然買了，就要做到適合自己，不要將錯就錯。

進階的紳裝玩家，建議可多觀察細節，培養辨識能力。譬如可先看袖口的扣眼，看看扣眼是否可打開，大致判斷它是便宜的成衣、高級的成衣，或是訂製服？其次也可看領片（駁頭），翹起弧度若不自然，很大機率是機械裁，除非是故意。接著可觀察領片上面的扣眼，因為紳裝的美學就是會加入設計，但卻不會直接張揚，所以很多品牌都會在扣眼加入獨特巧思，由此也可判斷品味。

台灣文化很多元，並不只是受英國影響，所以眼光可放得更遠，慢慢嘗試不同服裝風格。我們的紳裝風氣才剛起步，重點在於自己要先能踏出內心的舒適圈，除了多看、多問、多逛，也要勇敢嘗試想穿但不敢穿的風格。

無論如何，紳士風格只是服裝其中的一種，不是曇花一現，也不是忽然出現的。服裝要能表現自己的心情跟場合，年輕時各種風格或可都穿過一輪，後青春期的輕熟男們，若走到底還是回歸經典，何不趁早培養自己的美感意識呢？

踏上紳士之路 ─── 我們的新紳活美學運動

高梧集 /
品牌經理 石煌傑

很現實的是，就是當你到了一定的年紀，穿西裝是每個男人幾乎避不開的一個課題。你可以不喜歡穿西裝，但當你一定要穿的時候，你有沒有把西裝穿好的能力？

在台灣，對紳裝有點興趣的人，一定都知道 Suit Walk。百位紳士悠然走逛在東區街頭的超現實奇觀，幕後推手就是部落客頂級宅男，同時也是高梧集負責人的石煌傑（Brian）。西裝知識滔滔不絕、堅持每天穿西裝上班的 Brian，推廣紳士裝的最重要概念，除了想改變台灣男性的穿衣觀念，更希望大眾應該要尊重每一個人的美學選擇。

逆轉大眾的 西裝印象

滿腦子紳裝經的 Brian 大約從 14 年就開始訂製西裝，因為想替日本旅行帶回的一件淺灰色上裝做件西裝褲搭配，回到台灣，遍尋不到適合搭配的布料，才發現布料世界的博大精深，激起他對於服裝知識與文化的學習，也從此踏上紳士之路。

「與其說是推廣紳裝，我們想做的其實是推廣紳裝的穿著合宜。」紳士裝是男人面對世界的第一張名片，穿紳裝未必能夠加分，不過也沒有必要讓自己扣分。如果自己都不在意自己的樣子，怎麼能說服客戶你很在乎產品的樣子？或讓客戶曉得你擁有美感選擇的能力？

也因為大眾對於紳裝的陌生，紳裝的日常應用，便具有示範與推廣的作用。因此，在 Suit Walk 你可以看到很多紳裝的樣態。「台灣的紳裝市場很小，我們希望讓大眾先有一個普遍的認識，把市場做大，讓更多人知道這件事，讓更多人願意接觸紳裝。」主辦方只會要求參加者盡量打領帶、不穿牛仔褲，其他幾乎不會設限，也不強調基本教義派的紳裝規則。事實證明，有愈來愈多男仕，不是基於需要，而是因為想要而開始接觸紳裝，Suit Walk 名副其實地成為入門新手開啟紳裝認識的一把鑰匙。

看得太少， 便容易滿足

在街上，總是可以看到不同的穿衣風格。國際精品路線、潮牌風、運動風、嘻哈風……大眾並不會對這些服裝有所批評。但在台灣，若你在路上穿著成套西裝，卻很容易遭受「結婚嗎？剛去面試？有事嗎？」等質疑，大部分的人都沒有意識到，這是基於不理解，而延伸出來的無禮與不尊重。如果你的生活不需要穿紳裝，其實很 OK。

BEING A GENTLEMAN

但身為男人，一定會有一天，你需要好好地穿上紳裝。當那天來臨，從未練習穿紳裝的台灣男仕們，又是否擁有足夠的能力，能夠合宜地將紳裝穿對穿好呢？

紳士的馬步——
成套西裝

入門總得做功課，Brian 給紳裝新手的建議是先把成套西裝穿好。很多紳裝新手，一開始就混搭，但當真正需要穿成套西裝時，卻無法駕馭。譬如：襯衫沒有選好、領帶不會打、合身度不佳、皮鞋搭配失準。成套西裝沒有素材搭配的問題，不像非成套的西上裝，常搭配牛彩褲，需要考慮材質跟花色。因此建議先穿好最保守的成套西裝，不要一開始就進入搭配，反而容易忽略很多基本細節。

而在購買西裝的時候，又可以分成：合身、材質、工藝、風格等四個面向。這四件事情面向建構了西裝的價格。如果預算有限，最優先要解決的，就是合身。預算多一點，就可以換好一點材質；預算再多，就考慮工藝，像是全訂製，或請好的師傅製作。預算充裕，最後再去考慮風格。穿好成套西裝，其實有很多練習的空間。優先解決合身性，減少服裝變因，才不會出錯。

回歸生活的
樣態

不論結婚頒獎等非日常情境，第一套成套西裝，以生活日常中需要考量的話，建議挑選藍色、灰色調的素面西裝。在傳統經典紳士裝的概念中，黑色西裝其實不是一個日常的顏色，它比較正式，是適合婚喪喜慶的非日常穿著。如果不需要穿到成套，可搭配牛仔褲的西上裝入門。則建議可以挑選有紋路，但紋路不強烈的圖樣。如果只想做一套西裝，但又希望可以結婚穿、假日穿、上班穿，西裝反而不好融入自己的生活日常，總會發現有哪些細節不適合。

所以紳裝的概念，應該是商務的定位，就要穿好商務的樣子；休閒的時候，也可以優雅地穿出休閒感。根據自己的日常，打造適合自己的衣著。有一天當你變成紳裝玩家，再去思考風格是否正確。不過，這又是另一個博大精深的課題了！

PART 2

紳 士 的 衣 櫃

A GENTL
CLOSET

EMAN'S

西裝

一襲體面的西裝是一位紳士最佳的戰袍，足以使其在行止舉措間散發出自信從容。英國倫敦市區的一條老街道——薩維爾街（Savile Row），巷道兩旁林立多家 19 世紀初即已創設的西服訂製店，被認為是現代西裝的正式發軔地。

著名男裝設計師湯姆 福特（Tom Ford）曾推譽：「薩維爾街的裁縫，奠定了 20 世紀男人的時尚標準。」從法國皇帝拿破崙三世、英國首相邱吉爾到美國總統老布希，各國皇室將相莫不把這裡當作自家的更衣室般進進出出，短短數百公尺的街道，呈現了一部精彩無比的西裝發展史。

隨著時光的推進與演變，西裝樣式加入了不同地區的風格變化，例如強調厚實胸膛與收縮腰部的英式版型、整體線條柔和寬鬆的義式版型，以及曲線不明顯被稱為箱型輪廓的美國版型，以上類別堪稱今日西裝剪裁的三大流派。

以西裝的設計樣式來說，基本上有領型、顏色、圖案與布料等多種組合變化，熟悉它們背後的涵義，有助於突顯個人特色及品味：例如領型，標準領（notch lapel）適合絕大部分場合、劍領（peaked lapel）最好不要在下對上的情況穿著、正式儀典中選擇絲瓜領（shawl lapel）禮服最能彰顯隆重感。

在顏色方面，黑色、深藍、深灰西裝都是不失禮的色系，鮮豔色彩則易被視為休閒西裝。常見的圖案樣式裡，單色素面有成熟穩重感、直條紋顯瘦而修長、方格紋賦予活潑趣味。至於布料，亞麻、棉或蠶絲混紡等材質是春夏追求涼爽透氣的首選，羊毛、羊駝毛等混紡毛料可以在凜冽寒冬中添增溫暖的舒適感。

西裝各部位名詞

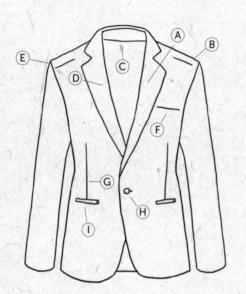
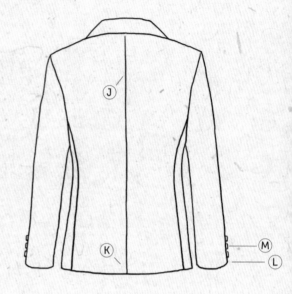

Ⓐ 上領片（collar） Ⓑ 肩部（shoulder） Ⓒ 襯裡（lining，內裡） Ⓓ 下領片（lapel）

Ⓔ 袖山（sleeve cap，袖子頂端山形處） Ⓕ 胸部口袋（chest pocket） Ⓖ 前摺（front tart）

Ⓗ 鈕釦（button） Ⓘ 腰部口袋（waist pocket） Ⓙ 背中縫（center back seam）

Ⓚ 下擺開衩（back vent） Ⓛ 袖口（cuffs） Ⓜ 袖扣（cuffs links）

領型分類

標準領（notch lapel）
是最為普遍常見的西裝領型，又稱為西裝領，由於上領片與下領片的銜接部分有菱形缺口，也被稱為菱形領或缺角領。領片稍小為小標準領，另外還有大標準領。在所有正式商務場合都可適用，是最實穿的必備西裝領型。

劍領（peaked lapel）
上領片較窄而下領片較寬且有銳角向上揚起，又稱為尖角領、槍駁頭，常見於雙排扣西裝，在二、三〇年代曾盛於一時。比起基本款的標準領更顯得派頭十足，所以有一說是此領型在上下關係嚴謹的公司文化中較適合高階主管穿著，因為職場新人較難以襯托其英挺氣勢。

絲瓜領（shawl lapel）
其特徵是一體成型不分上下領片，圓滑的領片形狀如同新月般的弧線，因此又稱為新月領，予人高貴華麗的氣息。不適用於平常工作使用的正式西裝，大多呈現於禮服樣式中，供男士們於宴飲集會、儀式典禮中穿著。

版型簡介

加入墊肩，強調肩線

腰線較高且合身

英式

20 世紀初期，「不愛江山愛美人」的溫莎公爵（Duke of Windsor）就常身著英國三件式西裝造訪歐美各國，一身精心打扮的紳士行頭風靡各地，順水推舟使西裝成為當代正式服裝的代名詞。

英式西服版型由軍裝樣式演變而來，地處溫帶的英國氣候較為寒冷，剪裁上使用更多毛料襯墊，保暖之餘更烘托出胸膛的豐厚度。加上厚實墊肩使得肩線更為硬挺突顯，上半部呈現 T 型線條。腰部則刻意收縮、提升，營造窄而高的腰部曲線。傳統剪裁背部下擺兩側開衩，在單手插褲袋時仍可保持背部線條平順。

整體而言，英國人穿西裝追求的是完美的身材比例，寬肩、窄腰、長腿的身體曲線，使得立體感十足，呈現考究嚴謹的結構美學，實際穿在身上可感覺版型的服貼合身，偏瘦的東方人可藉此強調雄性身形線條。

義式

據說義大利政府起初推動西裝發展之時，為了與起源地英國一較高下而特地在版型上創造出差異性。位於歐洲南方的義大利氣候更為溫暖，影響到西裝版型也跟著追求輕巧柔和的輕鬆感受，被認為是軟式剪裁。

義式版型的肩部線條重視圓潤感，墊肩的使用上節制許多，肩線雖然方挺但較為自然。胸膛輪廓依然飽滿、腰線略為提高、下襬亦伏貼身形、傳統版型在背部下襬不開衩，營造出上半部 X 形線條，帶來苗條飄逸的視覺觀感，在滿滿的男子氣概之中卻不致於過度剛硬，調和英挺與優雅於一身。

皮爾斯布洛斯南（Pierce Brendan Brosnan）所扮演的 007 時常在世界各地出生入死，義式剪裁寬鬆舒適的活動幅度與流暢俐落的風格取向，的確是這位行動派紳士的不二選擇。

本圖為羅馬式剪裁，方肩設計，墊肩厚實。拿坡里式西裝肩線則幾乎沒有墊肩。

美式

自然肩

幾乎無腰線

美國的西裝剪裁脫胎自英國版型，由於美國人具有拓荒者的民族性格，喜愛簡單純樸的設計與穿著上的活動彈性，美國版型於是走向較為寬鬆舒適的取向，比起英國西裝的正式拘謹更充滿了隨性拓落的氣息。

美國版型有時候會乾脆拿掉墊肩使得肩型更加自然、不刻意收縮腰部曲線、拉高開襟部分、沒有複雜的褶線，將後背側邊雙衩簡化為中央單衩，整體呈現直線的箱型輪廓，任何體型的人穿來都毫無負擔，體態豐厚的男士特別能領略這種剪裁的好處。

最典型的美式版型由紐約的布魯克斯兄弟（Brooks Brothers）所推出，這家位於麥迪遜大道的服裝公司是美國最老字號的服裝品牌之一。常春藤學院風潮與美國總統甘迺迪（John F. Kennedy），都曾帶動過美式西裝的世界熱潮。

設計師帶路，
紳裝起步的新手建議

嘉裕西服 —
設計師 顏立翔

設計西裝，最困難的地方在於試穿與合身，這需要經驗與溝通。設計師一定要了解顧客的需求。他希望舒適、好活動？或可接受活動度差，但要筆挺、修身？也建議所有男仕，訂製西裝前，可以先思考過，你會穿這件西裝做什麼？

「老實說，訂製西裝穿過一次，就回不去了。」嘉裕特約設計師顏立翔（Kenny）說。一貫的帥氣笑容，服裝中摻揉優雅、自信，但也偷渡了微微叛逆氣質的 Kenny，談到他最喜歡的西裝設計，眼神發亮地向 La Vie 介紹新手上路的紳士須知。

三種選擇

穿搭的起點就是消費，購買西裝的三種選擇，可以分為 ready to wear、MTM 以及 bespoke。ready to wear 也就是所謂的成衣，它的款式是設定好的，扣子、開叉的方式、領型等都是固定的，使用者也可以試穿之後，再去修改，但只能以服裝既定的形式，去配合使用者的身材。

MTM，指的是 made to measure，一般稱為套量訂製。使用者同樣先選擇適合自己身材的版型，再去修改，但 MTM 有選擇，所有的 MTM 都可以修改領型、布料、內裡、開叉方式、開扣方式等。概念很像買車的選配，可以一直加購上去，不像成衣那樣的規格化。而近年開始復興的 bespoke 就是全訂製。原則上就是客人想要怎麼做，設計師就會幫你完成。可以說完全是無中生有，客製的程度相當高，也沒有修改的框架。

消費須知

如果是第一次購買西裝，建議可以從 MTM 開始，MTM 是西裝市場的主流，基本上，除非是身材特別壯碩，或是需要設計特定規格、變化材質或風格的創意，MTM 已能滿足大部分日常需要，且在價格上也會比 bespoke 更加經濟。

顏色則可以選擇黑色或接近丈青的深藍色。在台灣，黑色應用在工作、商務上的接受度是高的，不過也容易帶有刻版印象。丈青的深藍色其實在一般光的狀況下有點像是黑色，但在白光下則可明確呈現深藍色，視覺上擁有更多的層次感。內襯的襯衫則以基本白襯衫為主。入門新手可順便建立一個觀念，襯衫其實應該是接近內衣的概念，西裝才是上衣，所以通常不會單穿襯衫。

第一套西裝也不建議使用純羊毛。羊毛質感細緻，好穿好活動，但也因為細緻，容易勾破，保養清洗較費工。新手建議可以選擇 70% ～ 80% 羊毛含量、20% ～ 30%

聚酯纖維的混紡布料。羊毛因為細緻，所以垂墜性高，這也導致西裝的
筆挺度沒有那麼強。少部分的聚酯纖維，有助於安定整套西裝的硬挺
感。

訂製的魅力

很多人好奇，成衣就有很多選擇，為何需要分 MTM、bespoke？又為
什麼穿過 bespoke 就回不去了？要解答這個問題，就必須先提到「標
準」。在服裝的世界裡，可以依存的只有「標準」，也就是所謂的 S、M、
L、XL。每年紡拓會（中華民國紡織業拓展會）都會提供一個國人服裝
尺碼的平均值。假設男女生各抽樣 500 人，測量他們的身材，計算平
均值。抽樣，就是市面上成衣尺寸的計算邏輯。穿成衣時，需要找到接
近自己身材的標準值。

但每一個人都是獨一無二的，可能兩個骨架類似的人，其中一人有在運
動，造成他肩寬且胸厚。如果穿同一件衣服，活動的靈活度，也一定會
不同。所以在西裝的世界，其實並沒有所謂的高矮胖瘦。需要注意的是
使用者的肌肉組成，譬如：平肩、斜肩、高低肩、挺胸、駝背等不同狀
況。

無法言喻的
有感

所以訂製西裝讓人最有感的地方，就在於它的合身度以及活動性。如果你的身型，
剛好在成衣的標準值裡面，購買成衣品牌的西裝，局部修改，或許就很適合。但若
你的身型是在標準值以外，你就需要訂製西裝。

當你穿著一件完全照著自己身型去設計的衣服，你的身體會去記憶服裝的舒適度，
當你習慣訂製西裝的合身後，再去穿成衣，身體就一定會感受到局部細節，以及行
為動作的差異⋯⋯

訂製西裝，一定會照著使用者的肩寬、前胸大、後背大去訂製，這些細節都會影響
活動的份量。除此之外，西裝也可以修飾身形，塑造高挺、瘦長的視覺效果。巧妙
地遮掩身材的缺陷。所以在訂製的時候，務必要跟設計師討論，你穿這件西裝的目
的是什麼？日常工作、假日休閒，還是婚禮需要？你的使用目的都會關係著身體的
活動度。

Ring Jacket

成立於 1954 年，超過 60 年歷史，Ring Jacket 的品牌理念是「生產出有著和訂製西裝相同質感及版型的成衣」。為了提供高品質的西裝，品牌嚴選英國及義大利的紡織材質，以全馬毛毛襯以及半手工製造，力求提供極致高質感的成衣體驗。Ring Jacket 的西裝融合了日式與南義大利的風格，強調輕薄簡約的自然效果。

001

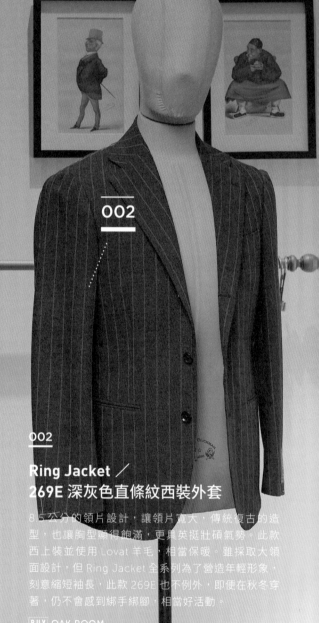

002

開啓成衣黃金年代

001

Ring Jacket ／ 深藍色 MEISTER SUIT 系列西裝外套

Ring Jacket 是日本當紅高級成衣品牌，雖然是成衣，但其做工與用料的精緻程度，幾乎等同手工訂製。旗下的 MEISTER SUIT 系列，選用義大利頂級 Loro Piana 布料，130 織的工藝，使素面西裝表面散發內斂光澤。扣子位於上腰處，身形看來修長，領片處也因二扣半的鈕扣設計，弧度更為自然生動。

002

Ring Jacket ／ 269E 深灰色直條紋西裝外套

8.5 公分的領片設計，讓領片寬大，傳統復古的造型，也讓胸型顯得飽滿，更具英挺壯碩氣勢。此款西上裝並使用 Lovat 羊毛，相當保暖。雖採取大領面設計，但 Ring Jacket 全系列為了營造年輕形象，刻意縮短袖長，此款 269E 也不例外，即便在秋冬穿著，仍不會感到綁手綁腳，相當好活動。

003

細節的盛宴

高梧集／
訂製西裝
（單件西上裝、西裝背心）

同時穿著背心、西上裝與西裝褲稱為三件式，是較正式的穿法。高梧集的訂製西裝長度略長，約至男仕臀部3/4處或全遮住臀部；駁頭相對稍寬，訴求基本教義派的經典樣式。較長的衣身可產出和緩腰線，人的輪廓顯得修長。品牌強調西裝的自然線條感與男仕著裝後的舒適度，並針對不同男仕的生活樣態做設計，如為常出差的業務型客戶選擇抗皺透氣的布料，自打量身形、製版、布料剪裁各細節皆相當考究。

BUY 高梧集

高梧集

「鳳者，鳥中之王，唯擇高梧而棲；紳者，風格獨具，唯擇風雅而服」。Suit Walk 發起人石煌傑 (Brian) 主理的紳裝訂製／選物店，服裝與選物品味皆以 Brian 偏愛的紳裝美感延伸，自認為是紳裝基本教義派的 Brian，堅持所有紳裝配件的合作工廠一定要親臨現場確認，堅持親自前往大利探訪合作品牌，更花費心力尋覓、嚴選做工細膩的紳士配件。走訪歐洲遍尋紳裝道具，同時隱身台北靜巷的高梧集，就像個古典紳裝美學家，等待著想望精研古典紳裝趣味的玩家，登門一訪。

004

高梧集／訂製背心

關於背心，紳士最介意的就是穿著背心後，讓人感覺像是服務生。因此在挑選背心時，建議可以大膽選擇裝飾性強的款式，如外裡布飾有圖案，或是含有領片、單排與雙排釦設計。而當紳士脫下西上裝時，背心應要能貼身包覆身形才俐落。背心下擺的最低點（三角形凹處頂點）應以蓋住腰頭為最佳長度。

004

006

005

金興西服

金興西服 GOLDEN TAILOR，由邱文興 (Tailor) 與游金塗 (Golden) 兩位世界金牌國手，於 2015 年共同創立。是台灣少數採用「全訂製」方式量身訂製的手工西裝。比擬英國 Savile Row 上的最高等級

007

008

GOLDEN TAILOR

訂製方式「Bespoke」。相信透過合適的西裝，能展現個人專屬自信風格，強調「修身剪裁」與「客
製化服務」，期待為每一位男士實現獨到的衣著品味。

披上世界冠軍作品

005

金興西服／劍領雙排扣銀蔥禮服

俐落硬挺的剪裁，讓這件禮服充滿了權威也莊重的氣勢。大領片的劍領、上方兩顆樣扣、下排偏長等特色讓禮服具有濃厚的經典傳統氣勢。整件禮服的亮點在於使用帶有銀蔥的混紡面料，在傳統正式的經驗樣貌中，變化出爍爍星空般的華麗表情。

006

金興西服／方領格紋禮服襯衫

由於上裝穿著的金紗禮服極為搶眼，內裡搭配格紋禮服襯衫，讓整體穿著營造遠近互補的視覺效果。門襟與扣子的設計感強，格紋 pattern 近觀時細節較為明顯，遠看卻也像是純白的襯衫，與禮服搭配後呈現遠近不同的觀看層次。

007

金興西服／絲瓜領單扣禮服

此件禮服也是靜態比賽禮服組的得獎作品，俐落絲瓜領延伸出上裝的整體修長感，具有靜謐、內斂的視覺印象。近看後卻發現是用帶有圖騰的高級綢緞所製作，同樣呈現出遠近不同層次的設計概念。由於面料本身已充滿了大量的細節質感，採訪過程中，師傅靈機一動捨棄袋巾，而是使用了白色紙片模仿一字折的效果，溫潤面料點亮的一道生硬白色筆畫，真是神來一筆！

008

金興西服／小翻領壓紋禮服襯衫

一般禮服襯衫正面必定會有壓摺設計，多為小翻領以搭配領結。此款壓紋禮服襯衫則捨棄壓摺，改以綿密的菱形壓紋設計；線的視覺效果，因此轉換為細緻也密集的點。鈕扣同樣選用黑金搭配的金屬扣，一眼便能直擊襯衫白底中的醒目金邊，同時也強調了「點」的設計旨趣。

大人的 blue note

009

金興西服／標準領蘇格蘭紋休閒上裝

此件單排雙扣、大領片設計的休閒上裝,簡單愜意的外表下,配色細節卻讓人印象深刻。暗褐色的扣眼,透過跳色,直覺也巧妙地抓住視線眼光。鈕扣的選用,同樣回應跳色趣味,刻意使用了帶有透明感與漸層效果的牛角扣。天藍色的蘇格蘭紋樣,讓上裝整體充滿了大器、瀟灑的從容感覺。細節處則使用色彩與質感,注入沉穩大人味,兼融了休閒也成熟的逸趣。

010

金興西服／長尖領藍色直條紋襯衫

直條紋樣的襯衫,通常具有強烈的商務氣質,可說是日常工作的基本款。此件搭配即是商務襯衫表現休閒感的絕佳示範。襯衫在此為輔,呼應上裝的藍色調,由外而內,漸次出「面到線」的藍色層次。變形蟲領帶與藍白袋巾的自然曲線,也化解了 V-Zone 線與面的生硬感。活用色彩與造型觀念,簡單基本的商務襯衫,仍能變化深刻的服裝細節。

BUY 金興西服

011

012

Carnival

成立於 1969 年，前身為嘉裕紡織股份有限公司，1977 年推出以品牌經營的概念，推出 Carnival「嘉裕西服」，多年堅持品牌本土化的定位，也讓品牌成為台灣紳裝族群的經典記憶。除了提供套量訂製與全訂製的服務，Carnival 同時也是 Giorgio Armani、Armani Collezioni、Emporio Armani、AJ | Armani Jeans、EA7、STEFANEL 等品牌服裝台灣總代理。

經典記憶的
當代復興

011

Carnival ／一般版

嘉裕西服一般版擁有良好的修身效果，對於版型中最主要的三個重點特別講究：肩線、胸圍、腰圍，下擺則隨著胸、腰的弧度自然延伸不做刻意收放。而無論是合身版或一般版，都可再依高、矮、胖、瘦等身形再分類調整，也提供各種顏色與質料的布料供選擇。

012

Carnival ／合身版

師法義大利風格，材質選用講究柔軟舒適，布料輕薄墜性高。合身版的前胸會較為收緊，袖山（sleeve cap，袖子頂端山形處）彎曲的幅度比較大，腰身縮得較多而線條仍然柔順流暢。此款版型特別強調修飾身材的功能，重現男性體態的優美輪廓。

BUY Carnival

把悠閒做為紳裝配件

013
Carnival Generation ／ 休閒格紋獵裝上衣

採用常見於毛呢獵裝的格紋織法，以提供行動時的拉扯自由度，深咖啡底色上織淺藍條紋的設計，適時提高整體亮度擺脫沉悶感。版型剪裁上富有曲線弧度，不刻意強調腰身更自在寫意。無論假日活動或者輕鬆一點的正式場合，都可以跳脫制式裝扮帶來全新穿搭樂趣。

014
Carnival Generation ／ 休閒淺灰素面獵裝上衣

獵裝（norfolk jacket）原本是歐洲貴族外出獵遊時穿著的行頭，通常只有單一件上衣外套。這款鐵灰色厚毛呢料獵裝以人字斜紋織成，可提供較大活動幅度，手肘部分的補丁其由來是臥姿射擊時防止磨損的經典設計。大型外貼袋方便存放隨身物品，是機能性強又瀟灑無比的休閒西裝。

BUY Carnival Generation

013

014

Carnival Generation

以休閒紳裝為主要定位，強調 Mix & Match 服裝設計旨趣，色彩、材質更為多變。
維持傳統西裝的版型、品質，兼具日常休閒氣質。不同單品的組配，非商務日常亦可簡單點綴出紳裝風格。

015

UNITED ARROWS / 防潑水風衣

風衣（Trench Coat）源自於第一次世界大戰中，英國軍隊在戰壕中所穿的軍用大衣。風衣該有的基本功能：擋風、防水、潑水，UA 經典款完全符合，更有甚者，還與 3M 合作研發可拆卸式的內裡保暖層，一年四季都實穿，讓男士們放心地在商場上衝鋒陷陣。

016

UNITED ARROWS / 尼龍機能性西上裝

UA 的 Citility 系列專為在都會中遊走的創意人員而設計，擺脫正裝穿著拘謹約束的印象。內裡四個大型口袋足以容納四台 iPad mini。不怕皺的機能性布料防風防撥水又輕薄，袖口還有隱藏口袋可以放悠遊卡，裝進附贈的收納袋就是一款可隨身攜帶的多功能休閒西裝。

BUY UNITED ARROWS

015

典雅的機能

UNITED ARROWS

創立於 1989 年，品牌名稱取自日本戰國時代名將毛利元就「三支箭」（三本の矢）的故事，象徵團結齊心的堅固意志。加入選物概念的品牌氣質，以商務休閒為定位的 UNITED ARROWS，除了深受日本紳士喜愛，也很適合來此挖寶街頭、時尚、前衛等不同風格的服裝與配件。

017

018

日式紳裝新意

017

UNITED ARROWS / 晚禮服

Tuxedo 屬於半正式晚禮服，通常於晚間宴會、高級餐廳等場合穿著，或者作為新郎的婚宴裝扮。面料含有安哥拉山羊毛，質地細緻煥發華麗光澤，領片邊緣、側邊口袋與長褲兩側皆有緞面鑲邊，醞釀出高貴出眾的氛圍，也與一般用途的西裝做出區隔。

018

Camoshita /
深咖啡色人字紋西上裝

UA 創意總監鴨志田康人被稱為日本的時尚巨人，以他為系列名稱的西裝格調高尚而氣派具足。深咖啡色底交織人字紋，除了一般正裝穿著，也相當適合搭配大地色系的高領或中高領毛衣。腰部口袋上方回歸傳統英式西裝的車票口袋（Ticket Pocket）更是令人驚喜的設計亮點。

BUY UNITED ARROWS

019

Ring Jacket ∕ 266 Check Jacket _ Blue and Grey

材質為毛、麻、絲與尼龍混合，麻布有透氣性，絲質布料滑順，不過羊毛仍佔大部分比例，因此仍呈現毛料質感。全內裡可吸汗，避免汗水外滲，也可增加保暖度。由於冬天衣裝多是深色系，266 鮮明的格紋樣式，讓男仕在人群中容易吸引人目光。建議搭配高領或亮色系毛衣。

BUY OAK ROOM

020

▌ Armani Collezioni

Armani Collezioni 主要為專業人士提供一系列高級訂製服裝、時尚運動裝、晚裝、外套以及各式配件，在細節方面無可挑剔，至臻完美。它體現了 Giorgio Armani 品牌的標誌性元素，包括簡潔的線條、巧妙的色彩、高級面料、極其注重細節、合身性和完美性。Armani Collezioni 反映並彙集了 Armani 最新潮、最受歡迎的新風尚趨勢。

傳奇典範

020

Armani Collezioni ／ M-Line

來自義大利血統的 Armani 西服,選用四季羊毛布料輕
薄偏軟、墜度高、下擺帶飄逸感,有利於強調英挺身
形。Metropolitan Line（都會版）以入門款價格,提
供適合亞洲人身材的西裝,版型特色是下擺較短與追求
合身,藉此使身形更為頎長,呈現都會型男時尚風貌。

021

Armani Collezioni ／ G-Line

以 Armani 創辦人 Giorgio 命名的 G-Line（經典版）,
自然是 Armani Collezioni 中最著重回溯經典的款式。
寬鬆舒服的版型簡直是為身材壯碩的紳士所量身打造,
不再強調高大身形者已經相當明顯的肩線,而是讓袖山
自然順下收斂肩型,處處可見的流暢細節透露出義大利
時尚的卓越品味。

BUY Carnival

022

022

Armani Collezioni ╱ T-Line

Trendy Line（時尚版）的版型介於 M-Line 與 G-Line 之間，可說是取窄版與寬版的折衷之道，舒適彈性恰到好處。並在三層布料之中多添加一層馬毛，馬毛是韌性很強的纖維，使用在內襯可使身材更顯筆挺但仍保持線條流暢，讓紳士在舉手投足間散發迷人魅力。

BUY Carnival

日式脫胎的
英倫復興

023

UNITED ARROWS / 紅藍格紋西上裝、酒紅色領變形蟲帶、茶色條紋襯衫

威爾斯王子（The Prince of Wales）以紅、藍格線包圍灰、黑、白格紋的圖樣，因深獲英國溫莎公爵喜愛而聞名於世。這種樣式多出現於羊毛材質的秋冬西服，視覺調性溫暖典雅。採用大翻領（Rolling Down Lapel）下領片翻摺至第一顆鈕扣下方，是傳統成套西裝最常見的領式。

兩邊領尖上縫有提鈕的繫帶領（Tab Collar）設計，領帶可從提鈕上方穿過，作用與針孔領的領針如出一轍，都可將領帶往前推顯得更為立體，這是男裝時尚大師 Tom Ford 所酷愛的領型，一絲不苟的古典氣息令人怦然心動。

在西服裝扮中，左右領片包圍的中央 V 形區域一直是注目焦點，而領帶又是聚焦配件，選搭得宜更能呈現時尚品味。羊毛混少量蠶絲的領帶和大地色系秋冬西裝搭配相得益彰，酒紅色底與變形蟲圖案傳達出穩重柔和的氣氛，有助於展現成熟男子的自信神采。

BUY UNITED ARROWS

貴族風範

024

金興西服／羊毛愛爾蘭 Ulster 風衣

此款此件羊毛風衣，造型源自 19 世紀愛爾蘭 McGee 家族 ulster coat 大衣款式。使用暗人字紋全羊毛面料，剪裁硬挺俐落非常優美。除了剪裁，此款風衣也充滿了多處設計細節，雙排扣、樣扣、大領片，以及貼帶式的口袋，風衣後背並加入腰帶的設計。讓此件風衣看起來更具有古典英式氣韻。

BUY 金興西服

024

COHÉRENCE

創立於 2015 年，以風衣做為主打單品的 COHÉRENCE，創辦人中込憲太郎（Kentaro Nakagomi）迷戀於歐洲的藝術、文學與建築等深厚文化，更從中取材，並將這些藝術文人的創意加入其服裝設計，並以這些傳奇人物的小名當作款式名稱。COHÉRENCE 的每件服裝，都使用棉或羊毛織成的雙面針織布（Jersey），衣長幾乎都過膝，且輪廓多為直筒或 A Line，不因穿上風衣而破壞裡面的紳裝造型，深具藝術氣韻並保留舒適度的設計，是文藝熟男們的冬日首選。

俐落是
禦風的唯一準則

025

COHÉRENCE ／霧灰色 CORB 拉克蘭袖大衣

沒有腰線的拉克蘭袖加 A line 設計，省去明顯肩線，呈現 A 字型輪廓除了便於穿脫，也更好在大衣內加添衣物不顯腫整。整體仍是西裝造型，但多了垂墜感，不顯生硬。隱藏式扣子，讓大衣擁有極簡外型，同時也能把衣服扣得緊實，防風功能極佳。外口袋的斜式造型源於英國人騎馬拿東西方便，而斜口袋也能創造線條感。

026

Drake's ／磚紅色花圈 圖樣羊毛領帶

使用 Hand roll（又稱 untipped）收邊法，特色為本布與收邊布為同一塊布，一體成型，質感輕盈。領帶的花色活潑，暗橙底色卻也具有穩重感，視覺感不致太過厚重。此種有花紋的領帶建議可以搭配素面西裝，展現層次感，甚至搭配直條紋西裝，V Zone 大玩點線構圖。Drake's 全系列領帶摩擦系數恰到好處，不需太多抓整就能打出領帶酒窩。

BUY OAK ROOM

026

025

暖男路線

027

Ring Jacket ／綠色針織獵裝外套

純羊毛製的針織獵裝，搭配橄欖綠，設計上帶有些許軍裝元素，但編織的質感也軟化了嚴肅的氣息，整體頗具戶外休閒感。選用成熟但又不至於古板的綠色，即便是冷冷的冬天，仍能形塑出穿搭的活潑性。正面並富有四個含 Flat 的強大收納機能口袋設計。由於羊毛保暖度好，不必穿上層層上衣才覺得暖，可內搭法蘭絨或單寧襯衫。

028

Sozzi ／棕色條紋羊毛領帶

Sozzi 主要生產男仕襪，近來也進軍領帶市場。平口羊毛針織帶較具有休閒意味，因為視覺質地柔軟帶有手感，有些男仕會搭配 Polo 衫著用，面相生猛嚴肅的男仕搭配使用可增加親切感；羊毛的保暖特性，也可讓穿搭充滿濃濃秋冬氣息。

BUY OAK ROOM

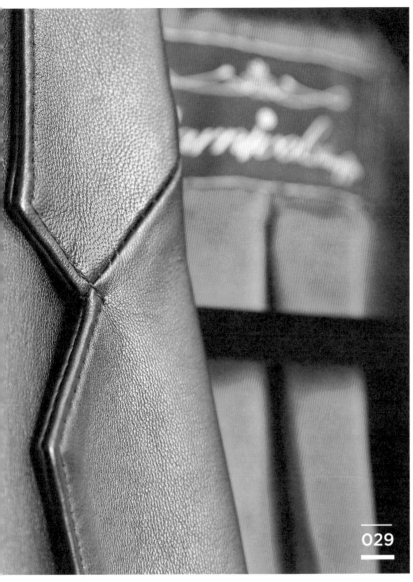

029

狂野悠閒地正式

029

Carnival ／訂製皮衣西上裝

台灣目前比較少見皮衣加入西裝的作法，嘉裕特別推出
的皮衣西裝，選用小羊皮在柔軟中仍顯英挺質感。有些
款式移植加入重機騎士外套元素，例如袖口金屬拉鍊、
肩部菱形格紋，結合優雅與粗獷於一身，在涼意襲人的
秋季裡穿搭顯得酷勁十足。

BUY Carnival

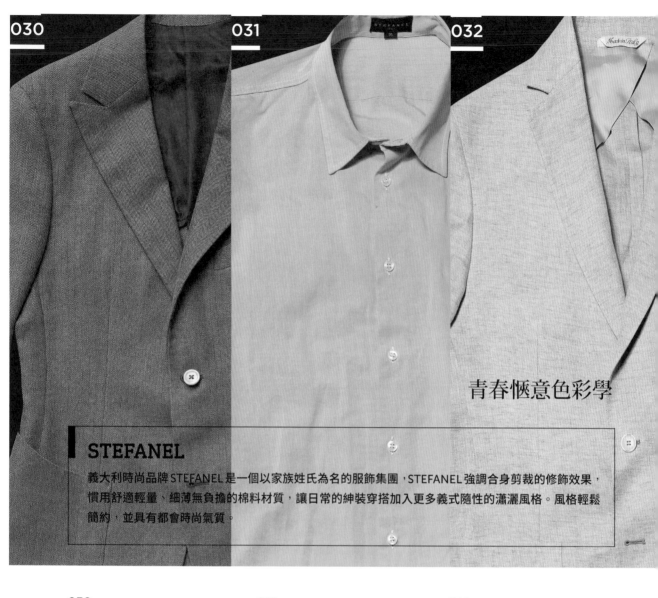

青春愜意色彩學

STEFANEL

義大利時尚品牌 STEFANEL 是一個以家族姓氏為名的服飾集團，STEFANEL 強調合身剪裁的修飾效果，慣用舒適輕量、細薄無負擔的棉料材質，讓日常的紳裝穿搭加入更多義式隨性的瀟灑風格。風格輕鬆簡約，並具有都會時尚氣質。

030

高梧集／珊瑚紅西上裝

相對於成套西裝，單件西上裝的下擺長度稍短些，顏色也會比較鮮豔。因為非成套西裝，無需製作褲子，所以也可以使用較鬆的織法強調休閒感。此件珊瑚紅西上裝，採用絲、毛與麻混紡，搭配粉色貝殼扣仔細觀察，還可發現其貼帶式的口袋，弧形十分特別，加入曲線造型，擺脫一般口袋的方正感。以色彩與修身線條，突顯輕紳裝的 casual 定位。

BUY 高梧集

031

STEFANEL ／小八字領粉色襯衫

粉紅色一直是很多男仕想要避開的顏色，一是擔心太過陰柔，二是不知如何搭配。其實粉紅色的襯衫具有年輕、時尚的印象，此款粉色襯衫在粉紅純棉布料裡加入些許白紗，降低色彩飽和度看起來更柔和順眼，還增添了突出層次感的效果。小領的設計休閒意味濃厚，選搭卡其褲、牛仔褲或整套非正式西裝，即散發閒情逸致的氛圍。

BUY Carnival Generation

032

STEFANEL ／卡其色麻質獵裝

如果說毛呢獵裝是冬天的休閒西裝，那麼麻質獵裝便是夏季休閒西裝的代名詞。麻質具有涼爽透氣的特性，半裡布的設計更能突顯此一優點。背後下擺開雙衩則讓紳士單手插褲袋時依然可以維持整體線條平順，也是近來格外討喜的設計方式。

BUY Carnival Generation

內外風情

033

Carnival Generation ／膠原蛋白襯衫

此款膠原蛋白襯衫，是 Carnival Generation 與台元紡織共同合作生產的成果。可防止肌膚表面的水分流失而達到良好保濕效果。襯衫透氣輕盈的材質，著衣有如掠過海洋微風的清新感受，是悶熱季節中最佳貼身夥伴。

BUY Carnival Generation

034

高梧集／訂製襯衫

訂製襯衫使用天然純棉布料，人字紋織法因受光角度不同泛著特殊光澤。此款襯衫領片偏寬、軟，尾端因此雕塑出自然弧度。使用色澤溫潤的貝殼扣，再用手縫上鳥爪縫並多做數圈環繞，不易掉落；而為讓貝殼扣不易破裂，特別加強厚度，每顆排扣約 0.45公分，具有飽滿且權威的視覺效果。

BUY 高梧集

035

Carnival Generation ／深藍色襯衫

乍看之下是深藍極簡素面，定睛細瞧卻跳出鮮紅的扣眼與鈕扣縫線，再翻開門襟（front，衣服前正中的開襟）和袖口內側，又有銀白點點相互映襯，於沉穩冷靜之中傳達年輕灑脫的不羈。不管搭配獵裝、牛仔褲都能在休閒氣質中加入片段正式感覺。

BUY Carnival Generation

036

鎌倉襯衫／大寬領直條藍色襯衫

歐美流行的大寬領設計，搭配溫莎結（厚大型領結）領帶能成功塑造富權威感的主管形象，非常適合一般商務或政經場合。特別選用義大利布料營造寬鬆舒適的穿著感，藍白條紋的樣式搭配深色西裝或棉、麻材質外套，有利於襯托出英姿煥發的氣派。

BUY 鎌倉襯衫

一針入魂的
商務典範

037
鎌倉襯衫／大寬領丹寧休閒襯衫

隸屬於鎌倉襯衫的休閒系列，短而俐落的版型、具光澤感的丹寧棉布，加上商務風大寬領，穿搭範圍極為多樣化。上班時搭配花紋圖樣的領帶，或假日時不紮入褲檔，都能輕輕鬆鬆穿出自在型男風。

038
鎌倉襯衫／手工領帶

過膩了一成不變的規律生活？想要在穿著裡來點叛逆的小變化？這款領帶正在回應你內心的呼喚！略微花俏感的淺藍方框打破了固定模式，卻還是落在黑色穩重的安全範圍內，拿捏得宜的對比衝突，演繹紳士駕馭自如的俏皮魅力。

039
鎌倉襯衫／大寬領格紋色襯衫

白色寬領對比格紋淺藍，跳脫出襯衫的尋常樣貌，又充滿知性古典的氛圍。布料以 200 高支紗數（Yarn，棉布紡織單位，支紗數愈多品質愈佳）細細織就，觸感特別柔軟舒服。只要打上一條素色領帶，低調而富品味的優雅形象令人深深著迷。

040
鎌倉襯衫／手工領帶

高貴華麗的絲光感來自於百分之百蠶絲材質，手工車縫製程則創造出柔軟質感與立體度。藍灰條紋表達著沉著幹練的特質，與任何西裝和襯衫幾乎都可以搭配無礙，可以說是男士們頸飾間的必備單品，戴上它讓你在職場上更加無往不利。

041
鎌倉襯衫／寬領法蘭絨襯衫

淺棕色的寬領厚棉法蘭絨衫，在冬日裡予人溫暖舒服的視覺與觸感，仔細觀看布料上有著點點白紋，利用如此的細節變化讓整體色澤不致於沉悶厚重。選搭羊毛質料領帶和大地色系獵裝，最能完美烘托與之相稱的和諧調性。

042
鎌倉襯衫／手工領帶

常可見日本廣告企劃人士繫上點點領帶，在各種創意會議或典禮宴會上展現另類活潑的形象。深藍底布上耀動著白色大圓點，是令人無法忽視的魅力焦點，此時襯衫樣式就不宜太過花俏或亮眼，質樸的淡色是上上之選。

043
鎌倉襯衫／鈕扣領免熨針織襯衫

這是經常出差的商務人士行李中必備的一款襯衫！採用無須熨燙也不會皺折的機能針織棉，洗滌完畢只要晾掛好，曬乾後即能直接穿著，是便利性至上行動派紳士的最佳戰友。鈕扣領與淺藍直條紋俐落灑脫的氣息，賦予商旅行程滿滿活力。

044
鎌倉襯衫／手工領帶

鎌倉的領帶版型以 7 公分中等寬度為主，是為東方人量身打造的標準尺寸。經典的變形蟲圖案也點綴出活躍卻不失穩重的魅力，配上淺藍或細線條的襯衫，恰為秋冬添上一抹時尚風采。

`BUY` 鎌倉襯衫

鎌倉襯衫

「以低品質價位提供高品質襯衫」，創立於 1993 年，開立於歷史老街「鎌倉」的鎌倉襯衫，原本只是一家小小的襯衫店。堅持 made in Japan，力求提供高品質的產品。百分之百純棉、貝殼扣、並使用 200~300 支的高支數，表現襯衫的綿密與滑順感，即便襯衫內部的縫線，仍可感受到「一針入魂」的職人魄力。高品質但價格實惠的產品定位，也讓品牌快速受到商務人士的愛用與支持。

罕見經典

045

UNITED ARROWS / Tab Collar 襯衫

繫帶領的襯衫,透過領口的小絆扣固定領帶,雖然必須將領結打得稍小些且多了一道步驟,卻有助於突顯 V 型區的動人風采。袖口較挺且採用尖角缺口設計,是向傳統設計致敬的樣式。UA 在春夏、秋冬各會推出定番款,優雅細節值得用心品味。

046

UNITED ARROWS / 白色翼形領襯衫、蝴蝶領結、腰封

白色翼形領(Wing Collar)襯衫擁有許多特色,使其別具華麗感,與一般襯衫各異其趣,諸如像展開雙翅般領尖往前摺的立領、正面熨整出立體細褶、隱藏鈕釦的暗門襟等設計,是出席隆重宴會典禮的代表款襯衫。(Bow Tie)形狀類似蝴蝶展翅,需自行打結的是蝙蝠翅膀領結(Bat Bow),這款是已經固定好形狀的蝶形領結(Pianesu Tie)。早期上流階級到劇院都會穿上小禮服,並將戲票塞在腰封(Cummer Bund)內,因此腰封摺痕的開口朝上才是正確穿法。

專業人物

047

Errico Formicola / 一字領襯衫

來自義大利西服重鎮拿坡里的 Errico Formicola，以襯衫與西裝佔有一席之地。一字領襯衫的領片開闊度最大，恰可看出這支南歐民族不喜束縛的豪邁性情。最為質樸的素面白底卻又帶有刺繡般的蠶絲光澤，也很能反映低調中不忘奢華的義式風情。

048

UNITED ARROWS / 華爾街領襯衫

袖扣（Cuff Ring）在紳士服裝中扮演了畫龍點睛的角色。法式袖口（French Cuffs）襯衫的袖口摺成雙層，是讓袖扣得以出場亮相的款式。牧師領常見於白衣領與藍襯衫的組合，看來更顯朝氣蓬勃。

049

UNITED ARROWS / 皇家白底藍條紋襯衫

白底皇家藍條紋襯衫和 Banker Stripe 西裝外套一樣，都屬於正式商務裝扮，是銀行金融人士衣櫥裡的基本款，最能為其運籌帷幄的專業形象加分。直條紋具有顯瘦效果，上班時繫上圓點、斜紋領帶或假日時搭配卡其褲皆得宜，是遊走於正式與休閒間的款式。

050

UNITED ARROWS / 領夾

領夾（Collar Clip）、領針（Collar Pin）、領棒（Collar Bar）都是固定領子的用品，能使領部與領結更加挺立有型，只不過領夾是夾式的，容易入門；領針須以針類刺穿領片；領棒則得搭配針孔領襯衫。近年的《007》、《大亨小傳》等電影中即常見這類配件的運用。

BUY UNITED ARROWS

047

048

049

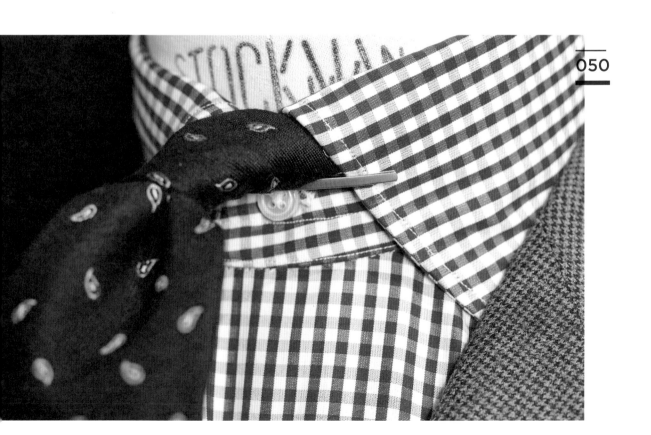

050

Drake's

創立於 1977 年，創辦人 Michael Drake 的領帶設計哲學，便是要讓男人可以輕鬆穿戴，也吸引注意視覺焦點。別具一格的質感與圖樣設計，也讓 Drake's 獲得英國「女王企業獎」（Queen's Award for Export）及「英國時尚出口金獎」（UK Fashion Export Gold Award）等獎項肯定。電影《金牌特務》（Kingsman）中，更可不時瞥見 Drake's 的領帶亮相其中，「英國最大手工領帶名家」的地位，可說是實至名歸。

英國名家手工領帶

051

Drake's / 棕色條紋喀什米爾領帶

羊毛材質結合涵括紅綠藍線條交錯而成的千鳥紋領帶。羊毛材質偏厚重，適合打簡單的領結，如單結。不過 Beige Guncheck 省去裡布設計，所以可以打到再複雜一點的半溫莎結，但仍避免更繁複的溫莎結，免得領結在胸口形成厚重團塊。羊毛領帶予人抗寒印象及實際效果，可考量選搭禦寒大衣。

052

Drake's / 深藍色變形蟲領帶

選用羊毛材質，並採用搶眼的變形蟲圖騰，在人群中很容易成為注目焦點，打造熱情、積極的形象。一般來說，變形蟲圖案與素面上衣搭配，但想要打破規則的男仕，也可嘗試花俏上衣製造衝突感。在花色選擇要稍微注意，不要選用同為變形蟲圖紋，免得太浮誇。

053

Drake's ／深藍色圓點領帶

絲綢材質的領帶常在偏正式場合使用，採正式的 Solid 三折收邊法，內搭厚裡布，搭配西裝看來十分挺拔。不過 Navy Pin Dot 以白色點點來點綴，替海軍藍素面領帶增加趣味，著正裝多了一份休閒感；而素面加白點的搭配相當常見，屬於基本款，大部分男仕都能接受。

BUY OAK ROOM

織出夏日愜意

054

高梧集／義大利製絲質針織款領帶

高梧集的針織領帶有平口跟尖頭之分，寬度皆為 7.5 公分，比起市售的 7 公分有更佳的收邊比例，領帶顯得比較寬大，襯托男仕寬厚的胸膛。共有 ZZ 跟 Loop 兩種織法，前者較寬鬆；後者偏厚，採一體成形、自然收邊的 fully fashioned 作法，帶有休閒感。而素面領帶不會被圖案限制，使用寬廣多元。

BUY 高梧集

Pattern 潮

055

高梧集／義大利製手工特色材質領帶（Shangtung Silk）

以雜食性的野蠶吐出的絲為布料，去膠過程無法清除徹底，因此比能夠完全去膠的桑蠶絲更多了材質上的顆粒感。類似麻的材質，能在正式紳裝中加入衣飾的立體感，在夏天繫此款領帶更可帶來視覺厚重形象。領帶上的軍團式條紋（regimental stripe）隱含了秩序、集體意識，適合用於商務場合。

056

義大利製手工特色材質領帶 · Silk Grenadine

因絲綢有較好的回復性，可耐拉扯，卻又不似麻布易皺，所以常被用來作為領帶材料。Silk Grenadine 採比較寬鬆的編法，外觀類似毛衣，視覺感較厚實；不過，此款領帶的編法既帶來紮實樣貌，也伴隨透光性，經過反覆測試，搭配黑色內襯，打造一條正式場合適用的商務領帶。

057

高梧集／義大利製手工特色材質領帶 · Wool

由於羊毛具有強烈毛感，屬於季節性用品，多在秋冬使用。此款手工羊毛領帶毛感濃厚，除了暖和印象，更多的是類似法蘭絨的溫柔觸感。羊毛領帶在綁塑時，常因可復性稍低，影響外觀呈現，此款羊毛領帶則加入內襯，增加領帶彈性，綁結領帶時更為美觀順手。雖然毛料領帶的商務氣質偏低，但溫潤的視覺質感很適合營造暖男、親切的心理形象。

058

高梧集／義大利製手工絲質緹花領帶

此款絲質領帶先在義大利時尚之都米蘭印上花色，接著送至英國做水沖、表面平整後處理，最後才又運回義大利，摸起來有獨特的滑脆手感。七折型領帶以多折型態展現工藝，咬合度高，領結不易鬆脫。手工縫邊，在固定點做刺繡花型，突顯對細節的重視。

059

義大利製麻質手工鉤邊口袋巾

口袋巾最早期用來當作手帕使用，強調實用功能，後來才慢慢衍伸為裝飾型物件。麻質口袋巾因麻料材質較顯厚，故以 33×33 公分呈現，建議使用時可以以四方折收至西裝口袋。此款白色口袋巾以手工勾勒細膩花紋，放置口袋時露出的花邊與西裝搭配恰到好處。

060

義大利製絲質緹花口袋巾

口袋巾在現代多為裝飾功能，放置西裝胸前口袋，有畫龍點睛的效果。義大利絲質緹花口袋巾為 33×33 公分，花紋非數位印刷或絹印，而是紡織物以經緯線相織而成。該廠牌的緹花口袋巾特色在於正反兩用，設計時預先全盤考量顏色搭配，雙面顯色度均佳，令人驚豔。

060

義大製毛絲混紡印花口袋巾

毛絲混紡既有絲質的輕盈又有毛料的膨鬆、固定及保暖優點，適合冬天使用。此款印花口袋巾運用這幾年常在服飾加入的日本浮世繪元素，以網印呈現具體圖紋。因圖案較花俏，屬於進階款，適合已有口袋巾的男仕收藏，使用時注意稍微露出鮮豔的部份即可。

062

義大利製絲質印花口袋巾

印花口袋巾只有單面，圖案由印製而成，圖案與色彩都具有多樣變化。收折在口袋時，不同角度、不同收折位置，都可變化不同氣質。因印花口袋巾較輕薄，面積做至 42×42 公分也不顯沉重，以扭曲或捲折的方式收納至西裝口袋中。堅持手工捲邊，成本雖高，但其不同於機器收邊般緊繃的自然膨鬆感，倒也無法取代。

BUY 高梧集

STEFANEL ╱紅底藍白條紋領結、純黑亮面領結

領結（bow tie）一般用以搭配絲瓜領（shawl lapel）西裝禮服，全素面黑色蝶形領結是這種正裝穿著的基本配件，舉凡出席隆重的晚宴或儀式都少不了它。傳說領結起源於 17 世紀的歐洲戰爭時期，克羅埃西亞士兵頸繫領巾以固定領口，後來被法國上流社會競相仿效。絲質領結具有高雅質感，在不同光線下帶出若隱若現的光澤感，為嚴謹正式的場合增添繽紛亮麗的調性。

`BUY` STEFANEL

063

Carnival ╱藍底白條紋領帶、粉紫色幾何領帶

領帶常見 3 吋寬標準版以及 2 吋寬的窄版領帶。寬版領帶是基本入門，具有商務穩重的印象，窄領帶則較具有時尚感。

市面上常見的斜紋圖案領帶，可追溯到英國的軍團服裝，軍團中的圖案與徽章，都是團體意識的象徵，因此這類圖愛也很適合應用在企業商務場合。幾何格紋的圖案感覺則較活潑，與深色西裝穿搭可有效提高整體明亮感，不同於商務氣質，具有更多休閒輕鬆的感覺。

`BUY` Carnival

Pochette Square ╱ Norman's Motel、Bob Redford

除了絲、棉、麻等基本材質外，近年來歐洲也相當盛行針織款的領帶，但也因為材質較厚的關係，建議可打成四手結，領帶結與襯衫領的比例以 5：8 時最好看，而領帶結下捏出的酒窩形狀，更是判斷一位紳士是否講究細節的重要地方。

`BUY` 雅痞士

064

065

紳士的
禮宴頸部運動

Two Guys Bow Tie

美國品牌 Two Guys Bow Tie 所設計的胸花,皆使用原木與布料手工製作而成,有趣的是,每一件單品都以美國城市名命名,像是紐約、威廉斯堡、劍橋等。Two Guys Bow Tie 的胸花因為使用木片製作,咖啡色系的色調,在搭配上有著協調與和緩的功用,不會搶走整體焦點。

風格的
表態

066

Two Guys Bow Tie ／
Cambridge、York、New Haven、Annapolis、
Williamsburg

最初的胸花是使用鮮花,當代則有許多設計師開始變化胸花的設計與製作,因此選擇性與搭配也愈來愈多。因為胸花通常會插放在上裝醒目的扣眼處,因此入門者在搭配胸花顏色時,可以與口袋巾、領結、領帶呼應。有些進階玩家,也會在此處加入別針、勳章等配件,讓這些裝飾變成個人風格與意見的表態,造型上也會更搶眼。

BUY 雅痞士

067

Pochette Square ╱ Samba de Mangueira、Le Club des 4 - Orange

絲、棉、麻、羊毛都是口袋巾常見的材質，而不同的材質也會影響到口袋巾的折法，像是棉麻本身比較挺，適合兩角或三角折法，而絲質雖然看起來有質感，但因為比較軟容易下垂，因此可考慮簡單的一字折法，或是號稱懶人使用法的捏泡芙法。另外，口袋巾的材質選用，也要考量西裝外套，若兩者的厚度接近會更有平衡感。

068

Pochette Square ╱ Drapeau Blanc、Le Pois de l'Ame - Blanc

白色的口袋巾絕對是新手入門的最佳選擇，也是紳士們一定要擁有的基本款。不過若擔心素色過於單調，也可以選擇添加小花紋，像是圓點、細格紋，讓素色口袋巾多一些變化。

左胸綻放的
三千世界

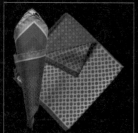 

067 | **068** | **069**

069

Pochette Square ╱ Monsieur le Duc - Bleu

想挑戰繁複花紋的高手，現在口袋巾的圖案與印花設計不會讓人失望，撞色、復古圖案、藝術畫作，絕對可以滿足高手的挑戰欲，而搭配的高不高明，就得看個人功力了。相較於素色口袋巾適合使用在正式場合，繁複花紋的口袋巾，則非常推薦在休閒的場合中搭配使用。

BUY 雅痞士

Simonnot Godard

1787 年成立的法國長青品牌 Simonnot Godard，推出的口袋巾以棉質為主，品牌回歸口袋巾的傳統，不同於一般的口袋巾只具有裝飾效果。Simonnot Godard 的棉製口袋巾還可以當作手帕使用，方便吸汗、擦拭等運用。品牌也更刻意放大口袋巾的尺寸，是一個蘊涵復古氣質的口袋巾品牌。

070

Simonnot Godard ／純棉口袋巾

Simonnot Godard 使用的棉料更薄、可透光，質地滑順輕柔。雖然白色口袋巾可說是基本款的口袋巾配件，但其使用 45×45 公分的大尺寸，訴求可以實用擦拭的機能性，不論質地或外觀都不同於基本款的白色口袋巾。好物不必花俏，細緻的材質才是紳士選物的重點。

`BUY` 高梧集

071

United Arrows ／

鎌倉的領帶版型以 7 公分中等寬度為主，是為東方人量身打造的標準尺寸。經典的變形蟲圖案點綴出活躍卻不失穩重的魅力，配上淺藍或細線條的襯衫，恰為秋冬添上一抹時尚風采。

`BUY` United Arrows

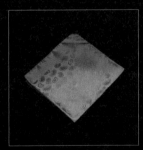

070

071

Pocket Square

這個來自法國的品牌，品牌名稱顧名思義，就是放在西裝胸前口袋的單品。強調高品質布料，堅持不使用人造纖維，並採用手工收邊。大家也許會好奇，口袋巾有任何功用嗎？這就是紳士畫龍點睛、藏著魔鬼的小細節啊。一條經過精心挑選、搭配得宜的口袋巾，不僅可以展現自己的品味，更能夠為當日裝扮達到加分效果！

072

073

圈塑脖頸風采

072

Antartide ／六號交響曲 - 綠色

絲的材質本身會折射出微微的光,因此顯得比較有質感,但也容易給人成熟的感覺,另外也因為絲質比較輕薄的緣故,適合打單結再收於西裝外套之下,可以帶出圍巾滾邊的效果以及穿搭的層次感。不過,若想嘗試將圍巾藏在大衣或外套下,記得千萬不要選擇太厚的圍巾材質,否則會讓西裝內部整個變形,而失去俐落感。

073

Antartide ／綠野仙蹤 - 格紋

麻質的圍巾,除了重要具有裝飾功用,視覺上也可變化材質的層次感。此絲麻混紡的圍巾具有輕薄、透氣的特色,擁有精緻的柔順感,但也兼具了麻料的輕鬆親切印象,很適合平日穿搭或局部點綴休閒氣息,而此款圍巾的花色,以淺藍、綠、白組合,色彩豐富搭配起來也較顯活潑。

074

075

074

Antartide ／老紳士 - 茶色

此款茶色圍巾，色彩與紋樣皆採古典低調設計，刻意形塑懷舊復古的風味。此種大尺寸的圍巾，可將圍巾自然地垂掛在脖子上，或將圍巾披掛在外套外側，在冬日紳裝的穿搭中加入片段色彩造型。不過這類圍法也需要注意圍巾長度，若長度過長容易破壞身體比例。

075

Antartide ／波斯王子 - 墨綠

羊毛與絲混紡，質感溫潤且柔順。異國風情的圖案，對於入門紳士或許擔心難以駕馭。搭配複雜圖案圍巾的基本方法是選擇與服裝同色系的圍巾。大印花的圍巾，其實也可透過圍巾本身的圖案，形塑搭配的焦點所在，並另外與領帶搭配。

BUY 雅痞士

皮鞋

踩踏出一身優雅

如果說西裝是一個男人的門面，那麼腳下的那一雙皮鞋，
則是一個男人邁向紳士之路的關鍵。皮鞋的細節相當繁複，
從皮料、楦頭、顏色、款式等，在在考驗著紳士的細膩品
味，認清其中規則之後，就能運用自如，盡情享受穿搭變
化的樂趣。

皮鞋的鞋款基本上有幾種分類：牛津鞋（Oxford）、德比
鞋、樂福鞋（Loafer），廣義分類可再加上靴子（Boots）。
判別鞋子的正式程度依序以三種標準來區分：顏色、裝飾
和鞋款。以顏色來看，黑色是最不易出錯的選擇，咖啡色
略帶一些輕鬆感，其他顏色就比較不適合正式嚴謹的商務
場合。其次則是裝飾，素面（Plain Toe）、橫飾（Straight
Tip）會比 U 形縫（U Tip）、翼紋（Wing Tip）和雕花
（Brogue）來得素雅穩重，不過如果是希望強調輕鬆活潑
的正式社交場合，例如婚禮、宴會等，翼紋、雕花也是相
當能展現個人風格的飾樣。

至於鞋款，從前普遍認為牛津鞋最正式，再來是德比、孟
克、樂福，靴子則屬於戶外工作用途，不過鞋履歷史演變
至今，這幾類鞋款正式程度的分際已漸漸模糊。舉個例子
來說，一雙鞋面布滿雕花的淺色牛津，並不會比一雙深色
素面的孟克來得正式。視乎出席需要選擇一雙得體不失禮
的鞋子，不管正式場合或休閒活動都能拿捏得宜，這是身
為一位紳士引以為傲的必備素養！

皮鞋各部位名詞

Ⓐ 鞋帶（Lace）
Ⓑ 前鞋面（Vamp）
Ⓒ 鞋頭（Toe）
Ⓓ 沿條（Welt）
Ⓔ 鞋底（Sole）
Ⓕ 鞋拱（Arch）
Ⓖ 鞋跟（Heel）
Ⓗ 天皮（quarter rubber）
Ⓘ 鞋後踵（Counter）

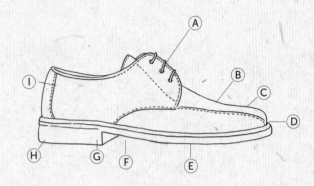

類型分類

牛津鞋（Oxford）

電影《金牌特務》裡有句經典台詞：「牛津鞋不是雕花鞋」，誠然，能分辨這兩者差異之處才是真正的紳士！牛津鞋的最大特徵是封閉式襟片（Enclosed Lacing）的設計，兩側襟片的底端與鞋面相接合，繫緊鞋帶時襟片會密合遮住鞋舌；而雕花只是一種蘇格蘭孔洞裝飾，也常見運用於德比鞋上。

17 世紀時，牛津鞋是蘇格蘭與愛爾蘭上流社會階級喜穿的鞋款，1900 年間被牛津大學引進成為學生鞋而得名。常見於鞋面的裝飾樣式從正式的素面、橫條到花俏的翼紋、雕花都可能出現，皮面多為較正式的黑色或咖啡色，線條也傾向簡約不浮誇，古典外表予人莊重優雅的感覺，在上班或正式場合中是最不易失禮的鞋款，但由於襟片屬封閉式設計，在寬度調整上有所侷限，腳背厚實的男士在選購上需要特別注意。

德比鞋（Derby）

德比由牛津鞋演化而來，和牛津同樣都屬繫鞋帶的鞋款，而且也常出現同樣的裝飾形式，差異之處只在於德比採用開放式襟片（Open Lacing），兩側襟片的底端與鞋面並無縫合，可以適度調整襟片間距，這樣的特色使得穿脫更為靈活方便，也能適合各種腳背寬厚度的男士。傳說這是 1815 年滑鐵盧戰役中，普魯士軍隊為了讓士兵迅速備戰而改良的設計，其後又演變成狩獵與運動用途的鞋款。

在穿著上，德比較牛津多了一分輕鬆感與舒適度，揉合正式與休閒的特性廣受消費者歡迎而大為普及，不管是需要穿著正式服裝的商務行動，或個人休閒時想搭配帥氣的牛仔褲，德比鞋都是能讓你運用自如的百搭鞋款，如果你需要一雙入門紳士鞋，德比絕對是經濟實惠的首選。

孟克鞋（Monk）

孟克鞋是四種基本紳士鞋款中最早發明出來的樣式，據說起源於 15 世紀時阿爾卑斯修道院的僧侶。它的外觀顯然和其他三種紳士鞋有很大不同，除了沒有鞋帶之外，鞋背上會有一到三條橫跨的金屬扣環皮帶，帶數愈多帶寬愈細，起初原有固定鞋身的功能，到了近代漸漸演變成為單純裝飾作用。

在音樂史上，孟克曾搖身一變為帶有叛逆意味的服飾元素，頗受搖滾樂手與龐克樂團的青睞。時至今日，孟克因為鞋身兩側常加裝隱藏式鬆緊嵌片或磁帶扣，使得穿脫甚為方便，加上外型予人精明俐落的觀感，成為需要快速行動的業務人士的愛鞋，目前也是在正式場合中走出一片天的時髦要角。穿搭上需注意褲管不能過長，以九分褲為佳，才能自然表現出這款鞋履的優雅不羈。

靴（Boots）

靴類原本是迎合戶外工作或狩獵休閒等需求而設計的鞋款，鞋身至少覆蓋腳背、足踝，依長度區分，可分成高至腳踝的踝靴、高至小腿肚的中筒靴和高至膝上的長統靴。靴的外觀通常較為休閒、粗獷、鞋跟明顯，款式亦有多種，起源自不同種類的用途，常見者如卻爾喜靴（Chelsea Boots）、工作靴（Work Boots）、沙漠靴（Desert Boots）、馬球靴（Chukka Boots）、獵裝靴（Hunting Boots）等。

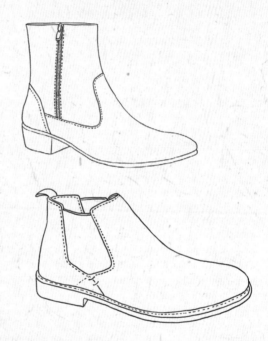

近年來，靴子也漸漸加入西裝穿搭之中，以黑色或深色的卻爾喜靴最為常見，卻爾喜靴起源於英國的維多利亞時代，最大特徵為沒有鞋帶、鞋面兩側有彈性布料，剪裁線條優雅俐落，在 1960 年間因披頭四樂團喜愛穿著而再度流行起來。另外，沙漠靴和馬球靴若以皮革大底取代膠底，帥氣之餘流露出濃濃的紳士味，也很能成為正式著服中的迷人焦點。

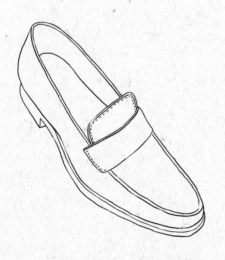

樂福鞋（Loafer）

20 世紀初期的挪威，從事放牧的人們習慣穿著淺口且沒有鞋帶的鞋子，因為有著方便穿著的特性，又被稱為「懶人鞋」。起初樂福鞋以莫卡辛縫法（Moccasin，也稱為 U Tip）製作而成，縫合皮面而形成的 U 型縫線成了一大經典特徵，後來連德比鞋也常仿效相同手法。

從歐洲流傳至新大陸後，樂福逐漸襲捲全美，1940 年代演變出便士樂福（Penny Loafer），在鞋背上橫跨中央有錢幣孔的幅帶，和常春藤學院風潮（Ivy Style）的穿著劃上等號。到了 1980 年代，Michael Jackson 的舞台表魅力則將樂福鞋的知名度帶至前所未有的高峰。電影《華爾街：金錢萬歲》中，男主角穿的 Gucci Loafer，鞋背上閃閃發光的馬銜鍊則象徵華爾街金童的春風得意。樂福不愧為遊走於商務與休閒之間的鞋款，正式西裝或襯衫卡其褲都能適切表達輕鬆而不失穩重的氣息。

Stitching Sole 創辦人／廖振貿

製鞋師／鄭晴陽

揭開手縫鞋的
針下秘密

文 彭永翔
攝影 王漢順、陳志華

鎖鏈縫是什麼？布雷克縫法又是什麼？台灣又出現一製鞋新力量興起─ Stitching Sole！他們堅持將手縫元素融入每雙鞋，為何堅持手縫、這些縫線的特殊之處又在哪裡？走入工藝現場，發現手縫鞋的秘密。

Stitching Sole 創辦人廖振貿認為台灣擁有良好的製鞋技術，台灣製鞋產業可以不只是國際代工；鞋面設計也不該一成不變，應擁有更多選擇，因此在 2014 年，決定成立 Stitching Sole。「但其實重新設計鞋面，涉及鞋面打版，鞋面打版其實比縫製皮鞋更為困難，師傅必須擁有豐富經驗，否則很難執行。」因為鞋面打版師須考量皮革彈性，精密計算各處銜接點，畫出面板；此外更須考量結構力學，避免皮鞋不易穿、甚至無法卡穩皮鞋容易掉落的情形；最後皮鞋整體製程如何進行、不同尺寸皮鞋的面板比例及數據也需再計算，考驗打版師功力。

為了尋找合作師傅，廖振貿南下找到擅長手縫製鞋、製鞋業第二代的鄭晴陽師傅，兩人理念一拍即合，於是振貿多次拿著設計圖，就著鄭師傅所製作出的面版一一微調線條弧度，經過一年半，以「皮革堆疊」為設計概念的作品終於完成。

就讓我們走進工藝現場，跟著廖振貿的腳步，來到 Stitching Sole 的皮鞋製作地─鄭晴陽師傅位於台南的 CYC Handmade Shoes 手工鞋工作室，為我們解析一雙手縫紳士皮鞋的精密製程。

1 鞋面打版

皮鞋鞋面皆由廖振貿重新設計，並不套用公版。設計圖完成後，交由合作的鄭師傅進行鞋面打版，計算銜接點、畫出面板。之後再將膠帶覆於鞋楦之上，將鞋版線條繪於膠帶上，最後將膠帶撕下，以 3D 結構轉化於平面紙板上，裁切出鞋片。強調精準的鄭師傅，不同於一般製鞋師憑感覺抓鑿孔間距，而是事先計算各種尺寸皮鞋的鑿孔間距，屆時縫製時也將更有效率，已取得專利。

2 皮料檢查

一雙皮鞋的品質是否優異，除了結構穩固外，皮革自然是另一重點。振貿分享了一個小秘訣，通常在壓揉皮革時，若不易產生壓痕，彈性較佳。實際穿上時，不易產生皺痕，也較耐穿。

3 皮料裁切

確認皮革材質後，則將皮革依著之前鞋面打版時的面板，一一裁切鞋片，以備之後縫製程序時使用。

4 手縫鞋面

本次示範的鞋款，鞋頭設計較為繁雜，採取馬克縫縫法。困難之處在於須先將皮革定型，才能縫製，否則皮革容易產生皺摺。

5 手縫鞋底

（上圖）Stitching Sole 的手縫布雷克，與一般布雷克不同，加入全掌式沿條，讓結構更穩固。製作過程主要分為兩步驟，首先縫製鞋面（upper）及中底（insole，沿條即位於中底），因而鑿孔位於皮鞋內側，無法輕易以肉眼看見，師傅必須將蠟線從中層穿過皮鞋內側鑿孔，來回縫製；最後將外側大底（outsole）縫上時，還需穿過中底及沿條縫製。

（下圖）鎖鏈縫相較於一般的外翻縫（Stitch down）更為困難，原因在於縫線圖紋更為複雜。鎖鏈縫如其名，其縫線如鎖鏈般圈圈串起，因而縫製上較直線縫線的外翻縫更為困難。

6 磨植鞣鞋底

在完成鞋身製作後，最後則將鞋底邊緣削磨平滑。可別小看這工序，進行時必須固定姿勢掌握力道，否則稍不小心，就會損壞皮鞋整體。就算是有一定經驗的學徒，一天也只能完成 5 雙左右。

ORINGO 林果良品

創立於 2006 年的 ORINGO 林果良品，訴求「回到鞋工藝的美好年代」，堅持台灣製造、台灣設計的手工皮鞋品牌。台灣曾是皮鞋生產王國，只是隨著傳統產業逐漸式微，思考著如何重現台灣老職人

076

077

秘而不宣地優雅

076

ORINGO 林果良品／
WHOLE-CUT 翼紋縫線牛津鞋 深咖啡

WHOLE-CUT 全皮面無拼接的鞋款對於皮料完整無瑕度要求最高，亦十分考驗手工製鞋技巧，林果特地選用高品質義大利小牛皮，藉由老師傅的精湛工藝呈現無與倫比的精美質感。前鞋面的 Wing-tip 翼形縫線，在百看不厭的低調著華中靜靜散發紳士魅力。

精美技術，同時傳承這即將流失的文化，即是品牌希望傳達之價值。當老職人的精緻工藝遭遇
又現代的設計，質感、實用、設計並重的「良品」生活實踐，就此誕生。

077

077

ORINGO 林果良品／鞍部牛津鞋 Saddle shoes

長達八年磨練林果好精花四格上，這款鞍部牛津勢必有其過人之處。前
鞋面和中間勢分別採用小牛皮與蠟感皮，皮料不同卻又相似，由於鞋背
遠像馬鞍橫跨因此稱為鞍部鞋，互相調和的拼接特色使它正式中保有休
閒感，是紳士鞋梳理8140格款

BUY：ORINGO 林果良品

兼容休閒與正式
的設計舞曲

078

ORINGO 林果良品／
3/4 雕花鋸齒翼紋牛津鞋 焦咖啡

以 3/4 鋸齒狀裁剪搭配蝶與花圖形的雕花飾孔，背後其
實隱藏著七層裁片堆疊車縫的精致工法，呈現化繁為簡
的細節質感。整體皮色與設計相當適合穿搭出席婚禮、
宴會等正式社交場合，讓你在斯文得體的外表下踏出輕
鬆活潑的氣息。

079

078

079

ORINGO 林果良品／
Premium - 鞍部牛津鞋

遠赴法國皮革廠發源地採購 Annonay 小牛皮，毛孔較
細小、厚度更紮實。以獨家塗料烘托出皮面的顏色和層
次感，楦頭線條展現義式自信姿態，就連鞋跟也以天皮
和銅釘雕琢出別致質感，這抹優雅的闇夜之藍，獲得年
度金點設計獎的榮譽果然實至名歸。

080

ORINGO 林果良品／
Premium - 鞍部牛津鞋

打破牛津鞋一定有雕花的迷思，只以素雅簡潔的翼紋線條展現法國百年皮廠 Annonay 小牛皮的細致美好，正如社會歷練豐富的優雅紳士，已不再需要誇耀的形式包裝自己。淺棕色鞋面和湛藍皮革大底形成的反差，帥氣而又深富趣味，是隱藏的驚喜亮點。

080

082

081

081

ORINGO 林果良品／
牛津基本款 栗紅棕

楦頭偏窄營造修長簡潔風的日式職男鞋款，鞋頭經典的 CapToe（橫飾）設計和牛津素樸大方的格調，堪稱是百年不敗的基本款，讓尋常的上班日多了一分斯文雅痞味。由於鞋襟屬封閉式縫合，較適合腳瘦的人穿著，搭配上切記避開寬版褲管即可。

082

ORINGO 林果良品／
Side Elastic 商務牛津鞋 經典黑

屬於牛津鞋款的變形，利用 Side Elastic（側邊鬆緊嵌片）的聰明設計，完美結合牛津的高雅質感與樂福的方便穿脫，廣受需要行動俐落的業務菁英所喜愛，選購時以合腳度為最高原則。另外，鞋背飾以鋸齒形 Brogue（雕花）細節，成熟穩重中亦不失風尚品味。

BUY ORINGO 林果良品

Berluti

創立於 1895 年，由 Alessandro Berluti 一手打造的高級訂製鞋品牌，如同創辦人 Alessandro 傳奇的人生一般，就這樣從義大利遷移到了巴黎，並在世界花都綻放出持續百年的足下風采。Berluti 擅長以藝術的觀點，思考訂製鞋的可能，歷代繼承人總是能突破傳統，設計出 whole cut 無縫線、Sans

穿在腳下的藝術品

083

Berluti ／ Alessandro

Berluti 的經典 Alessandro 皮鞋以一塊平整無暇的皮革裁剪而成，鞋面捨棄多餘的飾片及縫線，僅搭配簡約流利的線條，展現皮革原始的優雅樣貌之餘，也顯現出品牌多年累積的優越製鞋工藝以及設計底蘊，完美呈現出一雙簡單卻十足優雅的皮鞋。

BUY Berluti

083

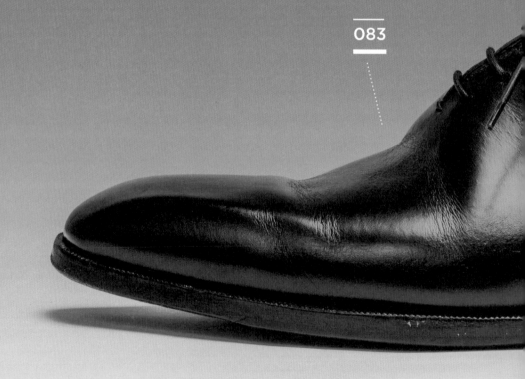

Gene 便鞋等獨特設計。1962 年，Berluti 為藝術家 Andy Warhol 品設計的皮鞋，更成為其中品牌的經典，至此，Berluti 從工藝跨界藝術的精品形象，因而深植人心！

Edward Green

創立於 1890 年，十九世紀末開始生產至今，Edward Green 一直是英倫紳士們的經典記憶。每一雙 Edward Green 皆生產其位於英國北安普頓的工坊，延續百年製鞋工法，打造出結構牢固、穿著舒適以及外觀經典三者兼具的頂級精品。這個超過百年歷史的頂級名品，除了秉持優良傳統之外，也不

揉合傳統與
商務質地的百年經典

084

Edward Green ／ BEAULIEU

皮面煥發勃根地般酡紅色澤，飾以 Wing tip(W 形) 迷人縫線的牛津鞋款，不僅適合搭配正式服裝，換上深色牛仔褲又馬上一派休閒感，穿搭實用指數更上一層。需要注意的是，尖頭設計使鞋身在視覺上略顯修長，因此身形高瘦的男士會更適合。

BUY OAK ROOM

084

忘隨時注入創新元素,其中最膾炙人口的,便是成功地將原本屬於勞動階級專用的棕色,以不同彩度巧妙融入其各式優雅鞋款,從此黑色皮鞋不再獨領風騷,紳士的裝扮也更多彩多姿。另外 Edward Green 首創的「antique finishing」染色法,精妙仿古復刻出古樸歲月痕跡的手法,也成為現今世界各大頂級鞋廠紛紛模仿的製作工藝。

085

Edward Green ／ CHELSEA

身負英國鞋王等級尊貴身價的 Edward Green,最經典的鞋款非 CHELSEA 黑色牛津莫屬。從側面觀看鞋頭,如同天鵝嘴喙的優雅弧度公認為各家品牌之最。穿搭上有修飾身形的效果,即使個頭不高穿也好看。相當適合搭配深色系如黑、深灰、深藍色西裝,出席各種正式場合。

BUY OAK ROOM

085

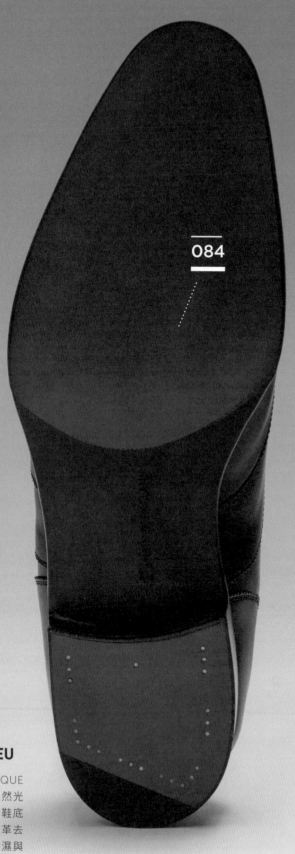

084

Edward Green ／ BEAULIEU

傳統、經典的圓潤鞋楦，獨特的 ANTIQUE
上色方式讓皮鞋顏色會因為時間與自然光
線的照射，養成其獨特的使用痕跡。鞋底
特別使用橡樹揉製法 (Oak Bark)，皮革去
毛後，將之浸於揉製桶，每日重複浸濕與
晾乾。歷時四星期，只為打造強韌、透氣、
變輕、有彈性，以及防臭的皮革魔術。

086

CARMINA /
80250 黑色橫飾雙扣孟克鞋

CARMINA 的強項雖然是在皮革,但其鞋底仍使用固特異工法,沿條跟鞋底之間會填充軟木,軟木與皮底的結合,因此也帶來絕佳的避震與踩踏感受。雖然固特異工法製作成本高,但可換底的優點,也讓紳士的愛鞋得以耐用多年。

CARMINA

作為全球知名製鞋品牌之一，CARMINA 長期以來被西班牙皇室欽定為御用鞋履製造商，其品質與氣度無不引領經典尊貴的歐洲皇室風範。即使面對眾多忠實擁躉，CARMINA 也保持著自己一貫的優雅內斂的矜持個性。CARMINA 的鞋匠們將他們豐富的製鞋經驗、時尚靈感和個性化元素融入到每一雙鞋，精選西班牙和義大利的優質皮革手工製作，無論光澤、厚度、柔韌性都無可挑剔，遵循嚴格的品質管理，每一張皮革均經過鞋匠的精挑細選和精準剪裁，再融入人體工學細節構思，讓每一雙鞋兼具時髦與舒適。

086

正式且瀟灑的
最佳典範

CARMINA ／
80250 黑色模飾雙釦孟克鞋

CARMINA 旗下鞋款的流線設計，常令人不自覺聯想到西班牙紳士的風流倜儻。黑色調性賦予孟克鞋一份沉穩的氣息，銀色扣環鋪陳出簡約俐落的品味，相當適合上班族或商務人士，搭配深色系西裝與九分褲展現自信出眾的一面。

BUY OAK ROOM

閃爍於日常生活中
的成熟質感

087

Edward Green ╱ DOVER

常為自家品牌代表發聲的經典鞋款,其莫卡
辛縫法的設計比例拿捏之恰到好處、精準無
比,堪稱鞋履工藝極致。咖啡色調的悠閒加
上德比鞋款的穩重感,使它不分年齡與場
合、從正式服裝到深色牛仔褲都速配,堪稱
百搭指數第一。

BUY OAK ROOM

088

089

每日的
夥伴關係

088

UNITED ARROWS /
橫紋皮鞋－黑、棕

鞋頭出現一道縫線的橫飾牛津鞋，是兼具端正外型與優雅氣質的款式。鞋身修長、楦頭較尖屬小圓頭，充分展露商務型男架勢。黑色最能表達正經莊重感，深咖啡色次之，簡約大方的造型閃耀著高級皮革的美麗光澤，列登百年不敗鞋款。

089

UNITED ARROWS /
雙扣孟克鞋－黑、棕

UA 皮鞋採用透氣性佳的皮革大底，出廠前特別貼上膠皮訴求耐磨與防滑。孟克鞋一向以其特殊的金屬釦造型獨領風騷，予人精明幹練的印象，深獲歐美金融業人士青睞。若覺得繫鞋帶麻煩，不妨選擇孟克鞋款，踏出英姿颯爽的鞋履風情。

BUY UNITED ARROWS

橫飾、裙飾、Whole Cut。
紳士的文法

090

**ORINGO 林果良品／
橫飾德比鞋 粟焦糖**

為台灣男士腳板設計的窄版修長鞋型，楦頭重現義
式小方頭的自信敏銳。粟焦糖色皮料為苯染牛皮，
經過特殊加工處理色澤更明亮，渲染自信自在的氣
息。粗縫線 Cap toe（帶狀橫飾）在幾近素面的鞋
頭上，成為恰恰好的點綴，是一雙斯文中略帶粗獷
的鞋款。

091

**ORINGO 林果良品／
裙飾 U-Tip 德比鞋 咖啡色**

運用莫卡辛（Moccasin）縫法將皮面縫成 U 字形，
又因縫線類似裙襬邊緣而得名，比起 Plane Toe 素
雅無裝飾的鞋面多了幾分變化，是常見應用於德比
和樂福鞋的手法。U-Tip 德比鞋以往被歸類為休閒
鞋範疇，近幾年來已漸漸進軍正式場合，可說是不
退流行的簡樸鞋款代表。

092

093

092

ORINGO 林果良品／
One Cut 布呂歇爾鞋 勃艮第酒紅

參考美國歷史悠久老鞋店的傳統鞋楦所打造的復古圓
楦頭，為了強調輕鬆感，鞋底皮革不經染刷保留自然
原色。是目前林果的皮革大底鞋款中最具休閒風貌的
款式，但做工一點也不馬虎，Whole Cut 單片皮面的
繁雜工序完全彰顯深厚製鞋功力。

093

ORINGO 林果良品／
X-vamp 雙孔德比鞋 桔褐色

突顯個性感的義式小方頭，承襲自歐式鞋款的優雅線
條，搭配稍亮而少見的桔褐色皮面、雙鞋帶孔、圓形
棉線鞋帶與 X 曲線視覺滾邊的形式，有助於擺脫過
於嚴肅的沉悶氣息，於正式場合裡展露稍微輕鬆的一
面，別具獨到品味。

BUY ORINGO 林果良品

用俐落襯托基本

094

ORINGO 林果良品／
V-Front 弧線雕花德比鞋 蜜棕色

楦頭偏窄，營造日式上班族簡潔俐落的風格，同時於蜜棕色的鞋面上強調襟片倒 V 型弧線的裝飾效果。鞋頭添綴蝶與花經典圖形的雕花飾孔，鞋底為生膠底仿木紋，可說是正式風格中略顯復古秀氣，微妙的層次感令人玩味。

094

095

095

ORINGO 林果良品／
Basic 基本德比鞋

楦頭偏窄，營造日式上班族簡潔俐落的風格，同時於蜜棕色的鞋面上強調襟片倒 V 型弧線的裝飾效果。鞋頭添綴蝶與花經典圖形的雕花飾孔，鞋底為生膠底仿木紋，可說是正式風格中略顯復古秀氣，微妙的層次感令人玩味。

BUY｜ORINGO 林果良品

能永久搭配的
典雅記憶

CARMINA ／
10082 棕色便士樂福鞋

樂福鞋原本只作為室內鞋，演變至今成為
最具休閒感的外出鞋款。這雙樂福除了保
有經典錢幣孔造型，還加上莫卡辛縫法增
添鞋面變化，而淺咖啡色調使它成為西裝
夾克、POLO 衫與卡其褲的最佳夥伴。選
購時挑選尺寸務必合腳，才能輕鬆展現型
男 Look。

BUY OAK ROOM

休閒優雅的
春秋單品

097

ORINGO 林果良品／流蘇樂福鞋 海軍藍

流蘇（Tassel）造型來自於十八世紀歐洲皇室貴族的居家用品裝飾，運用在濃濃休閒風的樂福鞋上，更顯得雅痞味十足。採用牛巴戈皮革，擁有麂皮絨面質感卻更結實堅韌。可搭配卡其、深藍色上衣或短褲，打造夏日時尚型男Look。

098

ORINGO 林果良品／小方頭樂福鞋 經典黑色

由上往下俯瞰，可以清楚看見其鮮明的方頭造型。修長卻不尖銳，讓這隻鞋款，呈現出雋永復古的歐派風味。鞋體同樣採取手工縫線，不過在鞋舌的部位，則另加入一片軟墊。穿入鞋子後，腳背也會因為這層軟墊感覺較為舒緩，而不致於感到緊繃的壓迫感。

099

ORINGO 林果良品／經典雙縫線便仕樂福鞋 午夜藍

便仕樂福鞋（Penny Loafer）起源於挪威的淺口無帶鞋，一幅皮帶橫跨鞋面與中央開口是其最大特徵，這雙鞋面還加以莫卡辛（Moccasin）縫法約120度的切角雙線接縫，格外充滿雅致的氣息。從正式西服到休閒卡其褲、牛仔褲甚至短褲都能搭配得宜，絕對是男士必備的經典百搭款。

BUY ORINGO 林果良品

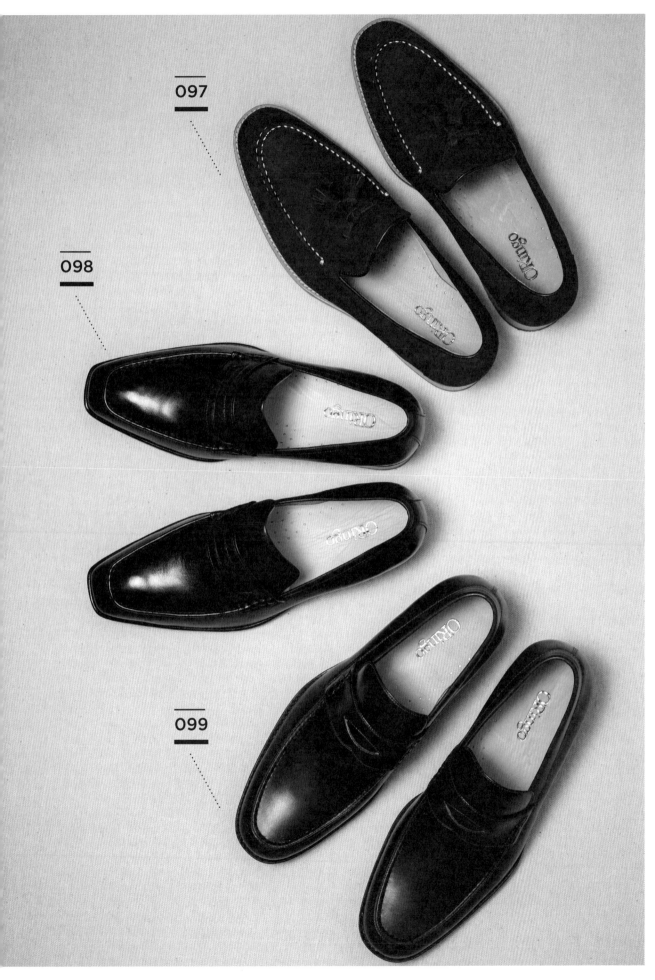

097

098

099

正式風格中保有的
少許叛逆氣質

100

ORINGO 林果良品／
橫飾雕孔雙扣孟克鞋 焦咖啡

林果良品比照歐洲經典傳統孟克鞋做法,在銀色雙金屬扣環的點綴下,為鞋身加裝隱藏式鬆緊帶,如此一來既省去繫鞋帶的麻煩又方便穿脫,兼具正式專業的形象,防滑耐磨的波紋膠大底也增加行走時的敏捷度,簡直是行動派商務人士的福音。

100

101

ORINGO 林果良品／
橫飾單釦孟克鞋 深咖啡

比起雙扣孟克，單扣環的設計多了一分俐落氣勢，而不變的是 Sides Elastic 隱藏式鬆緊帶所帶來的便利快捷，從鞋側觀賞亦有相當別致的裝飾美感。這一款單扣孟克遊走在粗獷與細致、正式與非正式之間，獨特迷人的韻味拿捏得恰到好處。

BUY ORINGO 林果良品

101

是牛津也是靴

102

ORINGO 林果良品／
巴爾莫勒靴

巴爾莫勒靴（Balmoral）屬於牛津鞋的一種，
指綁鞋帶部位的皮料前端縫在前鞋面。這款在
形式上結合牛津鞋與靴子，在皮料上拼接油感
皮與牛巴戈，顯得復古典雅，較窄鞋楦和精緻
雕花緊緊扣住紳士味。穿著時最好採十字綁鞋
帶法，調整寬鬆會更加順手。

BUY ORINGO 林果良品

102

103

美式粗獷的
秋冬暖意

103

林果良品／小牛皮皮底沙漠靴 深咖啡

皮料選用舒適絨面的牛巴戈，並以雙孔開襟鞋翼、側邊滾邊雙排車線來表達簡潔設計的形式，踝靴的高度則兼顧穿脫方便與靴鞋的帥氣。特地選用皮革大底取代一般膠底，顯見在沙漠靴的粗獷外表下，仍有一顆優雅的紳士心。卡其、牛仔褲等輕鬆穿著皆能完美搭配。

BUY ORINGO 林果良品

Alden

Alden 鞋業公司於 1884 年由 Charles H. Alden 於美國東岸麻州一手成立，堪稱美國鞋履歷史中的一頁傳奇。創立時間稍晚於工業革命的 Alden 受惠於全球技術的改革，因此在生產效率上得以有更多突破，也因而逐漸在市場上建立起名聲。當時許多鞋業公司都轉型選擇廉價的大眾市場，但 Alden 反而堅持走高端路線，在品牌誕生一個世紀的漫長歲月中，Alden 不僅以哥多華馬臀皮（Shell Cordovan

104

潛伏足下的
原始粗獷氣味

104

Alden ／ 1493 淺棕色無內裡麂皮踝靴

來自美國的 Alden 散發出不修邊幅的粗獷男人味，Chukka Boot 瀟灑的洗鍊感更深獲英國紳士 David Beckham 喜愛。不管搭配牛仔或卡其褲都能盡顯率性風格。麂皮的柔軟度帶來穿著上的舒適感，雨天裡只要噴上防水噴霧即可做好保護措施，比一般皮鞋更容易呵護。

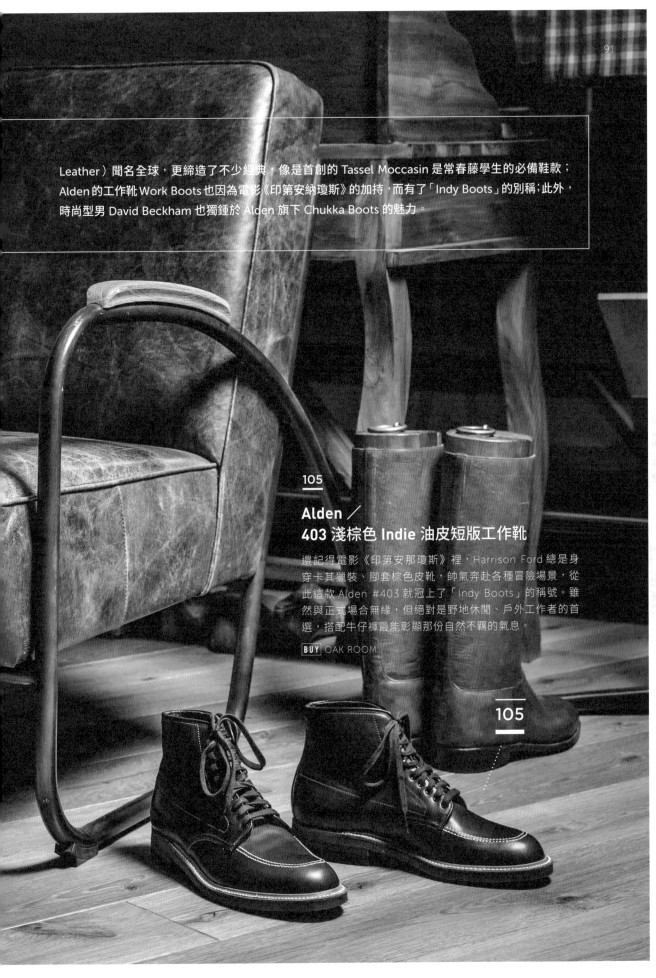

Leather）聞名全球，更締造了不少經典，像是首創的 Tassel Moccasin 是常春藤學生的必備鞋款；Alden 的工作靴 Work Boots 也因為電影《印第安納瓊斯》的加持，而有了「Indy Boots」的別稱；此外，時尚型男 David Beckham 也獨鍾於 Alden 旗下 Chukka Boots 的魅力。

105

Alden ／
403 淺棕色 Indie 油皮短版工作靴

還記得電影《印第安那瓊斯》裡，Harrison Ford 總是身穿卡其獵裝、腳套棕色皮靴，帥氣奔赴各種冒險場景，從此這款 Alden #403 就冠上了「Indy Boots」的稱號。雖然與正式場合無緣，但絕對是野地休閒、戶外工作者的首選，搭配牛仔褲最能彰顯那份自然不羈的氣息。

BUY OAK ROOM

105

最優雅的粗獷

106

Berluti ／ Brunello

Brunello 短靴以異材質拼接而成，結合光滑剔透的牛皮與不羈魅力的麂皮，造型帥氣年輕，卻又不失 Berluti 的優雅精神！側邊拉鍊細節以及內裡的設計，除了賦予穿戴靴子更高的機動性之外，也提升穿著上的舒適性，完美體現品牌深厚的製鞋技術及美感品味。

BUY Berluti

Pantherella

1937 年，Louis Goldschmidt 創立的紳士襪品牌，早期以製造女性褲襪為主，Louis 發現紳士對於襪子細緻度的要求頗高，於是將生產重點從女性移轉至男性。襪子經過機器編織後，需要縫合，如果是機器縫，往往無法縫出細膩感，因此 Louis 也堅持使用人工手縫接縫，降低縫合處的厚度，讓腳指頭不受到太多壓迫，這也成為 Pantherella 長久以來的堅持。

貼身配件

107

Pantherella ／ Black

黑色長襪就是必備款，不喜歡身上太多色彩的人，或是出席商務正式場合，搭配深色系的紳士襪就不會錯，而且與深色西褲搭配同色系的襪子，也會給人沉穩的感覺，不容易失誤。

108

Pantherella ／ Dark Grey

除了長度，紳士襪的材質也相當重要。如你在鞋店買鞋合腳，回家後發現變緊，通常都是襪子沒穿對。紳士襪通常強調細緻度，因為要與皮鞋貼合，太粗糙就會破壞走路的舒適度。此款紳士襪採用埃及棉，耐穿吸水性強，隨著每次洗滌，質感會愈發柔軟。

109

Pantherella ／ Scarlet

搭配與西褲同色系的襪子具有沉穩的感覺，相反地選用跳色等鮮豔的襪子，則具有輕鬆活潑印象。玩味襪子色彩是很有趣的事情，色彩可以傳遞季節感、心情以及不同氣氛。這種局部點綴的微小設計，便是紳士風格的樂趣所在！ BUY 雅痞士

Bresciani

成立於 1970 年的 Bresciani 是義大利高端精品品牌 Loro Piana 及多個精品品牌的代工坊。Bresciani 均使用細針羊毛或絲，質地精緻，因此深獲世界各地紳士的喜愛。特別的是其圖樣與色彩非常多彩、繽紛。具有狂野氣質，適合喜愛義式風情的紳士搭配使用。

110

Bresciani ／長筒紳士襪

長筒紳士襪的優點就是不會滑落，穿過一次就能感受與短襪不同之處。而義大利紳士更是全世界公認的狂，喜歡玩味色彩趣味的特點，由襪子便可見一斑。如果你好奇為何紳士不會搭配白色襪子？因為白襪通常是運動襪，厚度與材質都不同於紳士襪。此襪非匹襪，從色彩有時亦能窺見個人秘密。 BUY 高梧集

Sozzi

創立於 1912 年，米蘭的 Sozzi 兄弟將他們的名字與義大利文襪子"Calze"相結合，推出這個以專營頂級絲及棉製商品襪子品牌 Sozzi Calze。由於品質優秀，品牌獲得許多好評。而在第二次世界大戰之後，由於合成材質迅速發展，衝擊了原本的市場，但品牌仍堅持使用頂級絲棉，只為提供最舒適的紳士襪產品。

最輕薄的力量

111
Sozzi ／襪子，短襪

Sozzi 襪子為純棉材質，透氣力強，即便流汗，脫下襪子仍感覺乾爽，摸起來則如絲綢般細緻。短襪長度約至小腿肚。黑、深藍、咖啡為經典色，若想嘗試新花樣，不妨挑戰紫色或藍色，在正裝中展現新穎、獨特的配色方式。

112
Sozzi ／襪子，長襪

最正統的英式紳士長襪，可以完整包裹小腿肚的長度，或許對台灣男士來說一時無法接受，但穿過之後卻一再回頭，因為襪子不會滑落，極薄的質感透氣也舒服，傳統風格能不斷延續必有其道理。

BUY OAK ROOM

小腿足曲

113
UNITED ARROWS /
羅紋伸縮襪

襪子可視為西服穿著的延伸，只要能善加運用絕對更令人折服！這款單品採用羅紋（Rib，一種伸縮性極大的編織技術）織法，比起一般紳士襪更具活動彈性，搭配紳士鞋也相當速配，選用亮眼色系時最好配上樂福鞋，更能在整體裝扮中增添雅痞風味。

114
UNITED ARROWS /
高筒襪

一位穿著成套正式西裝的紳士，一坐下來或翹腳時卻露出小腿肉，這在西裝裝扮中可是相當失禮的行為！多準備幾雙長度至膝蓋下方的高筒襪（High Socks），就能不再擔心要露不露的小腿肚，在行動舉止間保持優雅迷人的儀態。

115
UNITED ARROWS /
人字紋短襪

人字紋成對的斜線交互排列，構成這款紳士襪典雅而不失之刻板的樣貌。襪子與西裝同色系並且比西褲顏色再深些是最佳選擇，至於過度誇張的圖案則不適宜正式場合，細節經營拿捏得當有助於給人品味良好的觀感。

BUY UNITED ARROWS

看不見，
不代表不存在

116

ORINGO 林果良品／
格紋紳士襪 靛藍色

格紋（Plaid）設計可上溯至西元
前 100 年，生活於不列顛群島的
凱爾特人藉由羊毛織成格紋以區
別不同部族，條紋縱橫的樣式流
傳至今不衰，成為歐洲經典服飾
元素。林果的格紋紳士襪以棉質
混彈性紗，觸感柔軟又吸濕，是
注重舒適與品味的配件首選。

117

ORINGO 林果良品／
條紋紳士襪 湛藍色

襪類雖然不是主角，只要設計獨到
一樣能夠吸睛。條紋紳士襪不同粗
細的線條，適時回應你內心希望生
活來點小變化的渴求，日系色調則
溫和傳達出色彩本身的輕盈魅力。
不妨從今天開始，在每日的正式服
裝中，為自己增添一些愉悅有趣的
想像。

118

ORINGO 林果良品／
波卡圓點紳士襪 深咖啡

充滿休閒氣氛的波卡圓點，早在
19 世紀後期即風靡英國，至今無
論紳士淑女、青年熟齡，都抗拒
不了圓點魅力。活潑色彩和俏皮
點點，在高密度針織的棉質混彈
性紗上展開，長時間穿著與水洗
也不易鬆鬆垮垮，讓圓點迷們愜
意重現復古風尚。

119

ORINGO 林果良品／
人字紋紳士襪 黑灰色

看似簡潔樸素的布面上，仔細一
瞧就會發現箇中奧妙，人字紋
（Chevrons）組成的連續 V 字形，
像是魚骨架也像杉樹紋，交疊出平
實耐看的圖樣。使用立體織花與手
動排紗的技術，讓雙腳接觸時感覺
格外柔軟，從視覺到穿著都是令人
愛不釋手的精緻單品。

120

ORINGO 林果良品／
Spandex 基本羅紋紳士襪禮盒（ 玩色版 ）

黑、碳灰、藏藍、抹茶、酒紅，五種色系為周一至周五簡單穿出
上班好心情，立體凹凸織法的羅紋設計彰顯層次變化，彈性纖維
包覆紗伸縮性佳擺脫束縛感。不管傳統配色或是大膽跳色，閉著
眼睛隨便選一雙都能立即提升時髦紳士氣息！

BUY ORINGO 林果良品

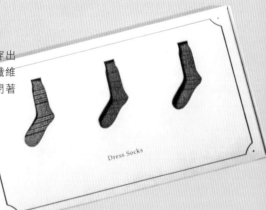

Dress Socks

點亮皮鞋靈魂

121

**ORINGO 林果良品／
ORINGO & iclea x bag 紳士皮件保養旅行組**

保養鞋履是一種紳士態度，一只手袋就能隨時隨地保養自己的愛鞋！林果與 iclea x bag 開發皮件保養旅行組，自然簡樸的手袋外型正符合您開放鬆的度假感，內容物有皮革滋養乳、亮光蠟、黑／白馬鬃毛櫸木鞋刷、純棉擦拭布，就從擦鞋保養開始，細細品味紳士風範。

121

122

122

**ORINGO 林果良品／
金屬拉環雪松木鞋撐組**

雨天裡，皮鞋容易因吸附濕氣導致變形走樣，林果開發第三代雪松木鞋撐，具有調節溫度、濕氣的作用，金屬伸縮雙軸能彈性貼合不同鞋型與尺寸，達到完美支撐，油脂釋放的清新淡雅木香亦有驅蟲效果，可說是聰明紳士必備的好幫手，讓寶貝愛鞋永保如新。

BUY ORINGO 林果良品

Brift H

創始人 Yuya Hasegawa(長谷川裕也) 先生創立於 2008 年，始於品川車站街頭，Yuya Hasegawa 先生從一名擦鞋學徒一路辛苦研究擦鞋之道，至今開了全日本第一家的擦鞋吧 Brift H，專門從事擦鞋、養鞋的服務，Yuya Hasegawa 先生現為全日本擦鞋界的第一把交椅，名聲響譽國際，曾獲 CNN、Financial Times 的報導，其創立的品牌 Brift H 除了提供擦鞋服務之外，更和保養品製造公司合作，開發皮鞋專用清潔液、鞋乳、馬毛刷等，全天然有機的配方，讓皮鞋保養更健康、壽命更長久。

123

Polishing Brush

鞋刷分長短毛兩種；長馬毛刷用來清刷灰塵，短馬毛刷韌性更強，沾取鞋油刷上皮鞋，可讓鞋油真正滲入皮革毛細孔。此款鞋刷使用馬的頸部毛，恰恰好的強韌度不會因為刷毛太軟導致軟塌。底部為樺木座，因樺木帶有重量，可增加塗抹時的反作用力，使用更順手。

擦鞋是一門專業

124

Brift H ／
The Cream _ Burgundy

透明的鞋油可增加皮鞋韌性，但無補色效果，建議選用對應鞋子顏色的鞋油擦拭。Brift H 鞋油由水、動物及植物油融合而成，因為添加少許水份，皮革滋潤度佳。若遇到雨天，可先讓皮鞋自然乾燥，並於清潔後刷上鞋油。此款 Burgundy 鞋油適用於酒紅色皮鞋，定期保養，有助酒紅鞋履常保光澤。

BUY OAK ROOM

Iris Hantverk

創立於 19 世紀初，來自瑞典的刷具品牌 Iris Hantverk 推出了各種造型、不同用途的刷具。該品牌最味人津津樂道的地方在於，它們特別雇用深諳傳統工藝之視障工匠們，透過工匠的敏銳的手感觸覺，打造出極佳觸感與實用經驗的多樣刷具，其商品造型不僅具有北歐的簡單風格，社會企業的大器作為，更讓人津津樂道！

125

125

Iris Hantverk ／ Shoe Care Box · 鞋靴保養套組

百年刷具廠牌 Iris Hantverk 推出的鞋靴保養組，內含百年美國品牌鞋油、拭布，及握感極佳，毛質細柔，不傷皮革的鞋刷及毛刷。在節奏快速的現代社會，拉張椅子坐下，懷抱惜物心情對待鞋靴，細心的態度肯定讓人刮目相看。

BUY Goodforit

GENTRY

HAT

紳士帽

紳士帽的歷史，可以追溯到英國。在英國，帽子一直是重要的造型配件。一方面是因為英國溼冷多雨的天氣，其次，帽子的造型與樣式，某種程度也像呼應著身分與地位的象徵。帽子的款式，隨著時代演進也有不同流行。18 世紀便很流行有飾帶的三角帽，這種帽子是從軍用帽沿延伸來的，所以我們也常可以看見有些三角帽上會有帽徽、金屬扣、帽穗等軍隊感的小裝飾。後來轉而流行的是大也誇張的大禮帽。在重要的場合，總是可以看見許多做工精細、用料高級的禮帽，例如在最具代表性的「皇家馬會」上（Royal Ascot）便可以看到許多貴族名流，頭戴各種華麗禮帽出席。許多人甚至會特別前往禮帽訂製店，客製專屬於自己的大禮帽。一般日常不會特別配戴，大多都放在家裡或是包進防塵袋中珍藏，就只有在賽馬會的時候會特別拿出來使用。

此外，電影也是紳士帽得以普遍流行的一大助力。目前大家最熟悉的 Fedora 大約出現於 1857 年，由於設計出色好戴，到了 1930 年代，幾乎已成為義大利街頭小混混們的必備單品。到了 70 年代，大量的黑幫電影則讓 Fedora 的紳士帽印象深植人心。好萊塢電影形塑的黑幫男子漢造型，讓紳士帽的魅力擴散全球，至今已成為復古紳士的經典形象了。

類型分類

Fedora

Fedora 寬簷紳士帽，寬大的帽簷，凹凸有致的帽冠，是紳士帽中最基本也最普及的類型。Fedora 的發明過程非常有趣，是在 1857 年，由義大利製帽品牌 Borsalino 發明並取得專利。品牌創辦人有次看到一頂圓頂禮帽被擠壓產生一個凹痕，因此得到靈感，在帽冠上以及帽緣前方加入摺痕與兩個凹槽，使用者便可以帥氣的取下帽子，Fedora 也因此大受歡迎。雖然帽冠有凹折，但那是熨燙出來的造型。特別要注意，紳士帽絕對不可以摺，也不需要水洗，只要經過外力摺壓，就很容易會變形，再也回不去了。

Trilby

類似 Fedora，但帽簷較短的設計則被稱為 Trilby 短簷紳士帽。如果說寬簷的 Fedora 具有成熟瀟灑的氣質，Trilby 的感覺則相對較為俐落，短帽簷的設計也顯得較為時尚。除了帽簷的寬窄，Trilby 的後方也會有微微的翹起，呈現出前帽簷平坦，後帽簷微翹的設計，不過 Fedora 通常前後方帽簷皆呈現平坦狀。Trilby 的帽冠上方也會有凹折，但較不明顯。凹折的程度比較輕微，呼應了短帽簷俐落低調的設計。

Derby

圓頂的禮帽則稱為 Derby，圓滾滾的 Derby 具有可愛俏皮感，也是喜劇泰斗卓別林最愛的帽款。Derby 非常容易辨識，它的質感通常會比較硬挺，圓頂、短帽簷的設計相對於 Fedora 與 Trilby 區別性很高。Derby 原本是英國賽馬會上戴的帽子，也是一種小禮帽，除了男生，也很適合女生配戴。不過有趣的是，這種帽子在英國也被稱為 Bowler Hat，Derby 反而變成美式的說法。不論稱呼為何，今日 Derby 也已成為經典但又具有現代感的穿搭配件。

Pork Pie Hat

Pork Pie Hat，因為它的外性看起來很像豬肉派，因而會有「豬肉派帽」的名稱。豬肉派帽的特色就是它的帽冠高度很低，而且呈現水平。但從上往下俯瞰，可以發現帽頂部的外圍都會有一圈凹陷，中間會再隆起。中央隆起的部分，有些是圓，有些是平。但通常不會高於整個邊緣，因此整體帽冠還是平整的。有些 Pork Pie 的帽緣也會上翻，加入一點俏皮的設計感，整體而言具有雅痞、文青的獨特氣質。

Straw Hat

編織帽就是一種使用草葉製成的帽子，一般也泛稱為草帽。編織帽強調輕巧透氣，在炎熱的夏天也適合配戴，編織帽通常會以材料命名，巴拿馬草帽、椰子葉草帽都是常見的類型。也因此，編織帽很容易被誤解為巴拿馬帽，巴拿馬指的是材質，並不是所有編織帽都使用巴拿馬草葉。

H.W.DOG&CO.

來自日本的 H.W.DOG&CO. 緬懷舊時光的手工情懷，推出多款 1860 ～ 1930 年的手工帽，此外也有 40 ～ 60 年代的報童帽以及傳統紳士帽。產品強調日本手工製成，造型雖然復古，但卻也顯得時尚優雅。H.W.DOG&CO. 的商品，都會加入一張 1900 年代的紙標，模仿歐美復古車票的樣式，此紙標會

126

127

一隅瀟灑風景

126

H.W.DOG&CO. ／ FRONT 7.5 FOLD-SERBIA · 可摺疊紳士帽

塞爾維亞羊毛手工製造的紳士帽，冬天配戴保暖舒適。由於材質柔軟，只要避開過長時間擠壓，出國放行李箱不佔空間；平日則可捲摺於包包內，下班配戴化身摩登潮男。帽簷偏寬，可搭配多層次穿著而不顯得頭輕腳重。無接縫裁剪、內側設防滑帶，遇到風大時可調整帽圍再優雅上路。

127

H.W.DOG&CO. ／ Hat Box · 手工帽盒

收藏帽子最好不要重複疊放，時間久了容易變型，建議用帽盒收納為佳。日本製帽品牌 H.W.DOG&CO 以復古機具手工製作，帽盒沒有過多點綴，帶有濃濃懷舊風。搭配拉繩可懸掛屋內，散發時代感的帽盒並列，讓人猶如走進品味獨樹一格的藝廊展間。

BUY Goodforit

被釘在帽簷。有趣的是，有些消費者不會特別把紙標拆下，而是會刻意保留紙標，作為局部裝飾，同時也做為一種品牌識別的方法。

128

復古經典的
當代詮釋

128

H.W.DOG&CO. ／
POINT 6.5 · 經典中折 Fedora

如果是首度購買紳士帽的男性，建議可以選擇深色、經典紳士帽款，接著再慢慢挑戰杏色、白色等淺色系列。此款經典 Fedora 紳士帽佐以羅緞帽帶，加入紳士優雅氣質，包邊處理以提升帽子的硬挺度，共有黑、綠、碳灰三款配色。

BUY Goodforit

帽簷修飾
俐落臉型

129

H.W.DOG&CO. ／
PINCH 4 · 短帽簷紳士帽

此款短簷紳士帽，頂部採淚滴型設計，並有黑色與深灰兩種顏色，不論著正裝或休閒服飾都很適合。短帽簷較適合小臉男仕使用，挑選時需注意帽子與個人頭部的比例關係。側邊帽帶可讓紳士帽更豐富花俏，有些歐美潮人更會飾以鈔票、羽毛、帽針等小配件，表現強烈個人風格。

130

H.W.DOG&CO. ／ W PANAMA ·
巴拿馬草手工編織紳士帽

巴拿馬葉為草帽等級中最上乘的一種材質，由於其質感較粗，可以讓帽型顯得挺拔，與一般紙草編帽相比，巴拿馬葉更帶有些許油亮光澤。相對於傳統紳士帽，草帽較具有傳達休閒、自然個性，與夏日穿著十分相配。但因為其仍具有紳士帽造型因此即便搭配簡單 T-Shirt 與短褲，仍能在休閒穿搭中點綴局部紳裝風格。

BUY Goodforit

130

129

紳士的
頂上造型解析

131

New York Hat ╱ The Gent

經典帽款「Gent」，帽頂略微低陷、帽筒 3.5 吋高、帽簷 2.25 吋寬，中文名為林肯帽，顧名思義，就是美國總統林肯最愛的款式。林肯帽的樣式很類似平頂禮帽，但從側面可發現其具有腰身，不同於平底禮帽的筆直；有腰身的林肯帽造型與比例會更為優雅。

132

New York Hat ╱ Felt Pork Pie

顧名思義，「Pork Pie」是指帽頂的圓盤型凹陷酷似肉餅，帽簷極短而反摺，附寬版羅緞帽帶閃耀高雅光澤。最初為男士便帽，後來也被收編納入女裝時尚之中。和合身短版西裝是絕配，或者搭件休閒襯衫、西裝背心、牛仔褲加腰鍊，也蠻能融入現代風格。

133

Studio Tom's ╱
經典羊毛氈 fedora

此款 Fedora 乍看之下與傳統帽型沒有太大差別，不過仔細一瞧，發現其使用了毛呢材質，讓帽簷線條顯得更為自然。不同於一般 Fedora 的硬挺感，羊毛氈版本的外觀強調線條的隨性美，毛料溫熱的視覺感也使它成為秋冬休閒型外套大衣的穿搭首選。

134

New York Hat ╱ Rude Boy

「Rude Boy」風格最初源自於牙買加工人階級，影響英國六、七〇年代街頭青少年的穿衣流行。後來擴大延伸成小禮帽、窄版西裝、細長領帶和皮靴等旗幟鮮明的特色。這頂帽型中央單摺、帽簷反捲，充分表達次文化時尚不屑裝腔作勢、拓落不羈的街頭作風。

BUY New York Hat

叛逆中的紳士

135

New York Hat ／ Vintage leather fedora

Fedora 的最大特色是帽頂中央成縱向凹陷,且帽簷兩側向上捲起。是紳士帽中最基本也最經典的款式。此款 Fedora 玩味材質趣味,特別使用美國本土的厚質水牛皮,外型十分硬挺,表層並加入白蘭地色調的刷舊處理,每一頂都煥發著獨一無二的復古色澤,擁有百看不膩的特質。

136

New York Hat ／ Stingy Fedora

同樣屬於 Fedora 帽型,共有棕灰黑三種顏色,帽簷縮短後,整體顯得更簡約俐落。比例也較適合五官身型俐落的亞洲人穿戴,也很適合營造短小但幹練的感覺。因為整體設計簡約,設計感較不張揚,此款 Stingy Fedora 的百搭指數也相當高,無論正式著裝、休閒 POLO 衫或潮流穿搭都很適合,難怪會成為愛爾蘭型男柯林法洛的心頭好。

BUY New York Hat

137

復古紳士的
頂上獎盃

137

New York Hat ／
Mad Hatter Top Hat

Top Hat（大禮帽）早期在英國屬於上流階級配戴的禮帽，本款帽冠 6.5 英吋呈高聳狀，帽簷在兩側翻捲出來的流線弧度，重現 19 世紀英國紳士們參加賽馬會必戴的禮帽氣派。品名「Mad Hatter」讓人瞬間聯想到《愛麗絲夢遊仙境》中的瘋帽匠，俏皮地開了古典形象一個玩笑。

138

Edo Hat ／平頂禮帽 _ 黑

帽冠仿效 Top Hat 的平頂設計，然而帽簷卻取自 Pork Pie 的翻摺元素，可看出日本製帽老舖 Edo Hat 積極揉合傳統走出創新的用意。如果您是紳士帽的入門者，卻怎麼試戴都抓不到那份優雅神韻，不妨選擇更合乎東方人身材比例的日系品牌，也許感覺馬上就對了！

BUY New York Hat

139

140

延續內戰與
街頭硬漢作風

139

New York Hat ╱ The Gangster

「Gangster」帽款經常出現在諸如《教父》、《鐵
面無私》等描寫美國二、三〇年代的黑道電影中，
是幫派份子最常配戴的款式。這款帽頂還特地做出
「Tear Drop」淚滴型凹陷，帽緣壓低予人神秘莫測
的感覺，就連麥可傑克森也愛不釋手，靠它打造流
行音樂天王的帥氣酷勁。

140

New York Hat ╱ Soft Felt Rider

帽型邊寬達 3.5 英吋、以皮繩取代緞帶，盡顯美
國 1860 年代內戰時期風格，可說是牛仔帽和紳士帽
的完美合體，不管是搭配領巾或 Bolo Ties（牛仔造
型常用的保羅領帶）都非常對味。Lite Felt（記憶羊
毛）防變形、防潑水的材質也為這款單品的活動彈
性大大加分。

BUY New York Hat

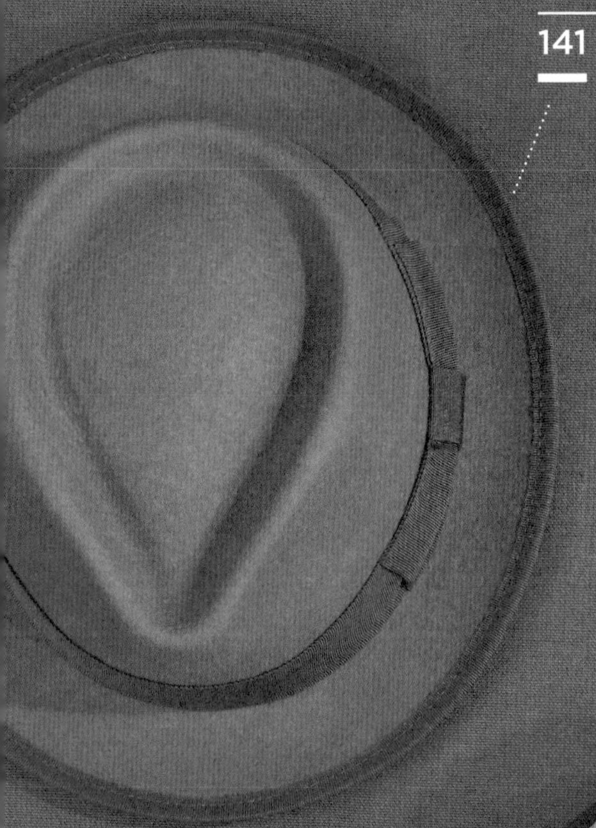

141

雅痞最愛

141

Studio Tom's ╱ 特別色淚滴紳士帽

俯視時呈現淚滴形冠頂的紳士帽已經是傳統經典，思考著如何打破傳統，Studio Tom's 從色彩進行變革，它在帽帶和帽簷包邊上大膽採用活潑亮眼的色彩，讓經典的帽型包裹了氣質別具的色彩。這樣的衝突反而很受到日本藝人與雅痞的愛戴。造型古典但現代感強烈，特別是簡單搭配 T 恤與西裝外套，便可以強調時尚感，衣著中如有與帽款呼應的色調更是絕對加分。

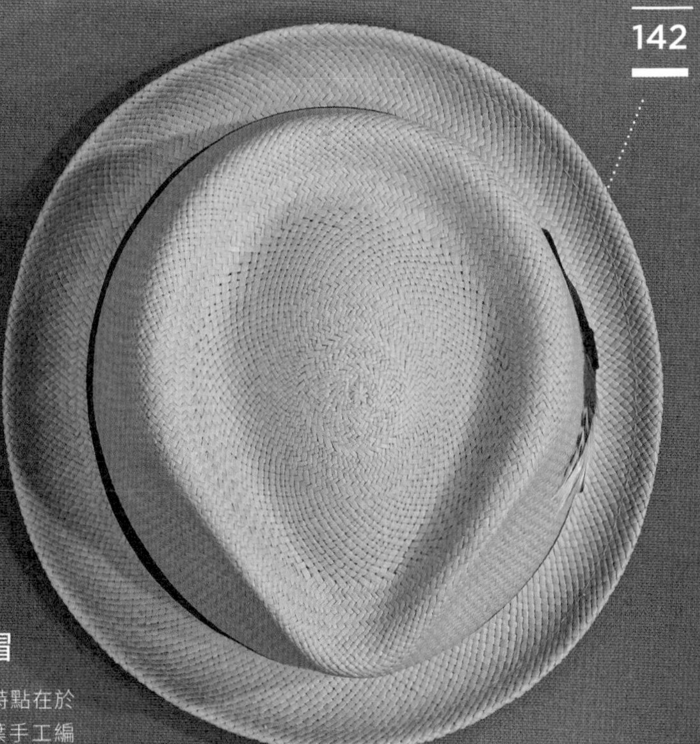

142

142

New York Hat ╱ Panama Fedora · 巴拿馬草帽

巴拿馬草帽同樣具有 Fedora 的帽型，但特點在於使用中南美洲特產的棕櫚植物巴拿馬嫩葉手工編織而成，若不細看甚至無法察覺其網目紋理，足見做工之精緻。不但透氣性極佳也很容易穿搭，皮鞋、牛仔褲、休閒西裝都速配，在炎炎夏日中突顯出眾風采。

BUY New York Hat

紳士
旅行必備

143

143

**New York Hat ╱
Coconut Be-Bop、
Coconut Fedora、
Coconut Derby**

三款皆以輕巧透氣的椰子葉編製而成，加
縫多圈車縫線強化纖維支撐力，長久下來
不易變形鬆脫，格外富層次感。外觀比巴
拿馬草帽更具休閒風情，適合搭配 T 恤、
短褲等輕鬆裝扮。雖然皆為編織草帽，但
又可變化不同帽型，共有帽頂中央凹陷的
豬肉派、呈三凹形狀的 Fedora 以及圓頂
禮帽 Derby 等三種款式任君選擇。

BUY New York Hat

加入些許
英倫氣質

144

Studio Tom's ／
大平頂編織帽

此款編織帽，屬於 Boater（平頂硬草帽）類型，帽冠較淺、帽簷平伸且繫以緞帶，原本是 19 世紀時為英人划船用的便帽，後來被廣泛運用於非正式場合。這款帽品以百分之百麻纖維製成，具有涼爽舒適的穿戴感，只要戴上它馬上能塑造休閒時髦的視覺亮點，T 恤或牛仔褲都很合拍。

145

New York Hat ／
Laurel Derby

首創賽馬競技的英國 Derby 伯爵因常在騎馬時戴上此款禮帽，世人便以伯爵之名 Derby，稱呼這種小巧圓頂禮帽。此款 Derby 使用硬質毛呢，具有半球形帽頂與向上翻捲的窄帽簷。近代之中配戴 Derby 最為鮮明的形象首推喜劇大師卓別林，法國六〇年代傳奇超模崔姬（Twiggy），也因為名人的加持，Derby 一直是辨識度很高的一種經典帽型，圓弧的外型也很適合搭配俏麗可愛的女性風格。

146

Studio Tom's ／
編織平頂草帽

冠頂有點類似 Pork Pie Hat 的圓形凹陷，使用混紡合成纖維，編織細緻程度極高足見日製工藝水準。配上雙層黑色蝴蝶結緞帶，讓帽子呈現反差極大的黑白對比。俐落的對比色讓整體穿搭更具有現代時尚的氛圍。紳士帽畢竟是西方世界的產物，想要與歐美的經典品牌競爭，便只能在材質、設計與配色等細節，加入更多心思。如何在傳統外貌中加入新意，讓古典帽款也能滲透現代新意，這都是日本品牌的魅力所在。

BUY New York Hat

BAG

皮包

有人說，男人的鞋與包包，最能看出他的品味。
只是，「品味」是個抽象且浮動的概念，人的生活充滿了
不同情境與氣氛，如果品味的實踐可能更切合我們原有的
生活樣貌，風格的應用也會顯得更為從容。或許我們可以
把物件的搭配與選用，想像為符號學的應用。華爾街的商
務菁英們，手上提的公事包象徵其商務與專業定位；科技
園區的工程師，托特包的揹或提，或也隱含了自由且有彈
性的思考模式。皮包的搭配與使用，傳遞了人們看待使用
者的性格；皮包的風格與質感，則可讓人推敲你的品味是
念舊或追求潮流，是低調或華麗。

皮包的選用需考量你的服裝，搭配西裝時，後背或肩背包
便很容易擠壓布料，造成肩線移位，原本俐落英挺的模樣，
瞬間崩壞且顯得狼狽。因此，關於紳裝的包款使用，一般
建議使用手提。而惜物與愛物的心態，更是紳士必備的基
本習慣。品質優良的皮包，只要維持良好的使用習慣，且
定期保養，透過使用時間的累積，將能清楚感受到皮革顏
色或軟硬程度產生的變化。好的皮革會愈用愈有特色，進
而成為一只專屬於你，獨一無二的皮包。懂得選擇好的皮
質，適切應用，接著只要讓時間說話，皮包自然會醞釀自
身質感，一位令人嚮往的紳士就此養成。

Briefcase

Boston bag

Tote

皮包分類

公事包

工欲善其事,必先利其器。若你從事的工作,具有濃郁的商務性質,一只好的公事包便能讓你表現出成熟、專業的俐落氣質。可別再對公事包存著傳統硬殼老派的印象了,現今公事包多以皮革、尼龍為主要材質,外觀上也變得更多元有彈性,過往內部以裝載著紙本文件為主,現在也被筆電、ipad 等電子產品所取代,因此公事包在設計上便更追求輕巧,且強調收納功能。公事包與西裝搭配也是最不容易出錯的包款,但是在挑選時,記得除了深度外,寬度也很重要。如果文件或筆電無法收入包裡,卻也優雅不起來。

波士頓包

有時候難免想要離開城市放空一下,有時候則是被安排了一場出差,也許是兩天一夜,或是三天兩夜,時間不長距離也不遠,這時候,最適合紳士使用的包款非波士頓包莫屬了。相較於公事包與托特包,波士頓包容量大,線條設計也比較柔軟,因此適合做為休閒之用,有帆布、皮革等材質的選擇,帆布耐磨耐用,皮革則是顯得較有質感,可以依照當日穿著搭配使用。但記得,若非不得已,請紳士出遊時選擇手提的波士頓包而非拖拉的行李箱,或許來得沉重些,但帥氣是需要忍耐的。

托特包

若覺得公事包過於正式,那麼,托特包也是紳士們搭配西裝的好選擇。托特「Tote」有搬運、攜帶的意思,因此這類包款多屬於實用型,造型較輕便簡單且有足夠的收納空間。男士用的托特包其實是由女性托特包演變而來,因此設計師們會選擇在外型上更強調陽剛的線條,並使用加厚的材質製作,如皮革、帆布、尼龍等。真皮的托特包則因為好的皮革質感,將更能突顯出個人的品味。在日本,托特包更是紳裝風格的基本道具,商務與休閒場景皆適宜。

手心的優雅 ——
取物與盛物的淡泊帥氣哲學

土屋鞄製造所 / 社長 土屋成範（圖左）、海外營運總經理 山田麻木（圖右）

我認為所謂的「紳士」就是懂得去購買一
個好的東西，而且會善用買來的東西，使
用很久、愛惜它、保養它……

對土屋鞄製造所的社長土屋成範來說，「包
袋」是紳士日常中最能涉入個人品味的實用物
品。從包袋的使用，就可以判斷一個人是否具
有紳士的概念。所謂的「紳裝穿搭」、「紳士
的形象」，與其說是一種外顯的時尚風格，或
許也可以將它解讀為是一種行為／選擇所傳遞
的品味訊息。

隱藏在日常行為的帥氣

譬如：對日本人來說，名片是非常重要的東西。想像一下，當與陌生人初次見面，
鞠躬問好後，正要進入彼此交換名片的時刻。若是看到對方，悠悠地從皮包中拿出
一個光澤沉穩、內斂成熟的馬臀皮名片夾，微笑地與你交換名片，這樣的感覺是極
為優雅而具有品味的；或當你在拿零錢結帳時，不是從口袋匆忙地掏出一個 10 元硬
幣，而是從口袋中輕輕地拿出一個零錢包，解開鈕扣，再從中拿出一個 10 元。同樣
的行為，感覺卻完全不同。

特別是皮製的名片夾或零錢包，用它愈久，顏色變化愈明顯。從有味道的物件中，
拿出名片或零錢，對方就會覺得這個人很有品味。因此所謂的紳士，應該就是要運
用這些微小物件，低調地經營生活中的優雅。土屋社長笑著說：「每當我看到這樣
的人，我就會覺得他很有品味，很帥，也會希望自己可以像這樣的人一樣！」

好眼光與品味

懂得選擇適合自己的物件，也是一門功課。土屋社長提供一個判斷好包包的簡單方
法：「先看包包的裡面。」延續著紳士的概念，他建議消費者不該只單看外面，而
要注意內在與細節。有些品牌的包包，可能外表非常好看，但仔細看則會發現，內
部有瑕疵。包包裡層是最容易偷工減料的地方，因此消費者首先可以確認包包的內
部。像是兩塊布料拼接在一起的縫線是否牢固、縫線沒有縫直、是否有落線的狀況
等。如果包包內部等不容易注意到的地方，都很用心縫製，其他更容易注意到的地
方，應該也會不會馬虎。

一個好的包包，其實有很多製作過程中的細節，是消費者無法直接發現的。譬如包
包的縫線，或許外觀看過去，就只是單純地縫起來。但細心的品牌，就會在某些容

易受到壓力或常被拉扯的部位，加入補強材料，或特別縫製了兩次以使其穩固。縫線的顏色，如果是跟皮革一樣，就算有一點點歪、不整齊，也不容易被發現。但對品質有信心的品牌，則會刻意讓皮革跟線的顏色做出區隔，避免產生縫線歪掉，或大小不一的狀況。

不貪心的適中

而在搭配包包時，「尺寸」也是一個要點。因為日本人的體型相對嬌小，因此在設計包包時，便會朝「適合一般人身高、體格」的角度來製作，有些品牌還會考量使用者性別、考慮手掌的大小或長度，並依據對象去調整。換句話說，從尺寸就可以判斷這是不是一款日本式的包包。同樣類型的包包，如果是歐美品牌，很可能就會大上一圈。

除了考量適合自己的尺寸，使用包包時，還需要「忍耐」。如果單純從裝載物品的角度去思考，可以裝盛東西的包包選擇實在太多了。但如果想要呈現出風格，或許就會選擇用手提的，而不是直接後背。像是在日本，最常見搭配紳裝的包款，就是托特包。在日本，即便是正式的西裝，也可看到有人搭配使用托特包。不過在使用托特包時，不要肩背，而是要以手提的方式。因為包包裡面一定會有裝東西，背在肩膀上，可能會使西裝產生皺摺，手提的方式，身體也會顯得較為抬頭挺胸。

或許台灣對於紳裝文化的累積還不夠長久，但注重細節、低調傳遞品味卻也是普遍不變的基本原則。掌握基本觀念，即便是提包包、拿名片，到取零錢等日常生活的微小動作，也別忘了落實日行一帥的低調作風！

土屋鞄製造所

取自創辦人土屋國男先生大名的「土屋鞄製造所」，創立於 1965 年，品牌最初主要是生產小學生的書包。由於精良的工藝與品質深受使用者肯定，因此也逐漸增設其他皮製品的設計與生產。「校對女王」、「寬鬆世代又怎樣」、「家的記憶」等多部日劇中都可見到品牌的包袋現身其中。

147

148

從教室到
辦公室

147 **148**

土屋鞄製造所／
Urbano 公事包 _ 黑色、Urbano 托特包 _ 棕色

日本品牌土屋鞄製造所是以製作日本小學生書包起家，其最為自豪的技術，便是堅固耐用的小學生書包底部縫製法，而 Urbano 公事包便是使用此法與最好的皮革，來縫製公事包的底部，因此相當牢固。另外，一個包有正背面之分嗎？確實有的，如果某一面有拉鍊或口袋，那就是包包的背面，所以紳士手拿著包時，記得注意正反兩面。而如果覺得黑色的包款顯得太過正式，也可選擇型制略有不同的有棕色版托特包！

BUY 土屋鞄製造所

MCVING

創立於 2008 年的 MCVING，其包款可見現代、古典、搖滾與復古等多種元素，彷彿是多元文化與氣質的交融呈現。MCVING 堅持少量手工生產，部分款式更採取限定數量發售，並提供客製化的訂製服務。除了強調簡約優雅的設計，MCVING 也針對皮包的機能性進行思考。加入背帶、編繩，變更使用

公事包的表情　149　　　　150

149

MCVING ／黑色麂皮 MF 公事型書包

採用最經典的復古公事包設計，正面的主扣設計，附設鑰匙，重塑公事包的復古造型。材質使用為科技布料搭配牛皮，帶有麂皮質感，材質輕可水洗的科技布料，價格更為親切，也減輕了手提的重量，也讓公事包更具有 smart casual 氣質，也是經典公事包的入門選擇。

150

MCVING ／全黑色牛皮公事型書包

同樣使用經典復古公事包設計，但以全牛皮製成。油邊方式的封邊，增加了包包的精緻感。相對於麂皮的休閒感，牛皮版的氣質則更加正式。融合傳統公事包的造型，但擁有更多機能性。加入背帶後，可以變化手提、側背或後背等不同可能。內部可容納 15 吋筆電，刻意不加入沒有隔層，讓空間利用更有彈性，水壺、小外套等物品也可輕鬆攜帶！

方式的設計創意非常出色。增加皮包的使用機率,讓皮件涉入不同日常生活情境,一物多用的設計概念,也讓惜物也愛物的優雅紳士們印象深刻!

151

MCVING ／黑色麂皮 MF 復古書包 L

不同於黑色牛皮公事型書包的古典正式,此款復古書包更著重於日常休閒的氣質。科技布料具有溫潤的麂皮質感,配合包邊處理,較適合在休閒活動的簡單延伸紳士感。同樣可以變化手提、側背與後背的應用。此外,包包後方並加入了拉鍊,出國時可直接套入行李箱的拉桿,方便使用者出差使用!

152

MCVING ／黑色防水復古書包

此款是麂皮復古書包的縮小版,設計師在設計時,不想原封不動地等比縮小,因此刻意縮短包包的袋蓋,也改變了正面兩條皮帶的高度,讓短小的包包在視覺上顯得更為集中。側邊皮帶亦加入收載變化空間,讓書包可以從方形變成梯形。此款包包更使用了特製的防水材質,防水效果出色。

BUY MCVING

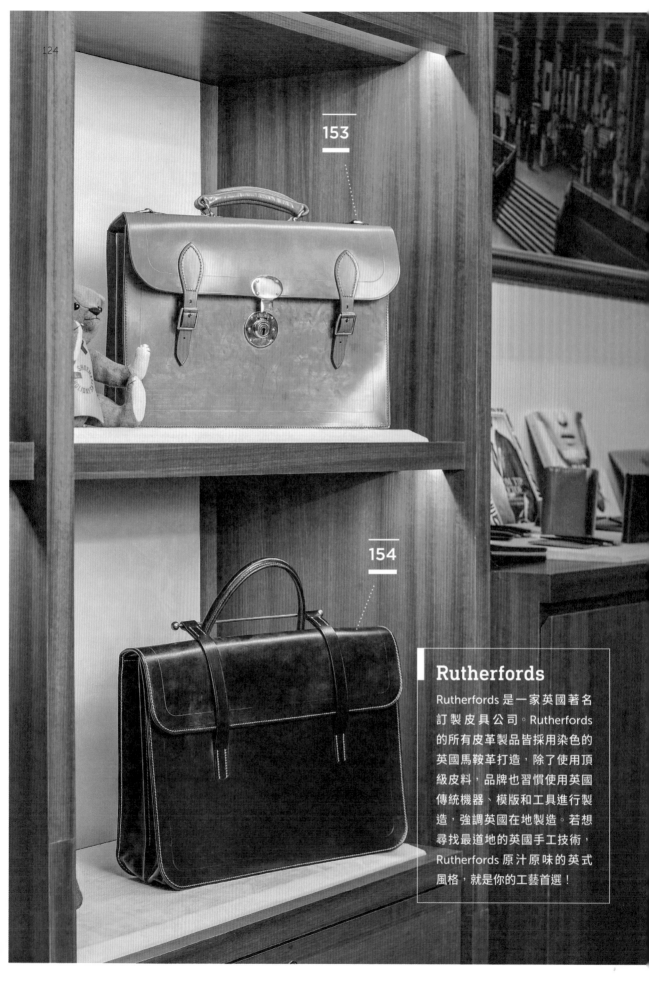

153

154

Rutherfords

Rutherfords 是一家英國著名訂製皮具公司。Rutherfords 的所有皮革製品皆採用染色的英國馬鞍革打造,除了使用頂級皮料,品牌也習慣使用英國傳統機器、模版和工具進行製造,強調英國在地製造。若想尋找最道地的英國手工技術,Rutherfords 原汁原味的英式風格,就是你的工藝首選!

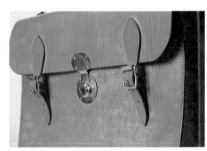

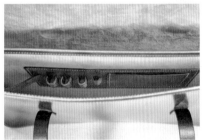

道地英式風格
首選

153

Rutherfords ／ Fiapover Brief Case _ Tan

經典英國公事包造型。提把部位內含橡膠，隨手握溫度慢慢塑形，逐漸吻合個人手感，彎度、形狀猶如量身打造。公事包設有金屬鎖，兼具耐看與防竊功能。尤其貼心的是，外層與內層間有防水襯，遇到大雨僅表皮淋濕，不會真正滲透至包內，具有保護作用。

154

Rutherfords ／ The New Music Case _ Racing Green _RACING GREEN

改良自七、八十年前用來收納琴譜的音樂包造型，外層為強韌耐用的馬鞍皮，隨著使用愈顯油亮，由於製造時刻意保留宛如白霧般的皮蠟，皮革的光澤感與皮蠟的磨損形成帶有暖度的歲月痕跡。縫線工藝完美。金屬開合環的設計古典，延用至今。

Le Feuillet

法國新銳設計師品牌 Le Feuillet，以實用性為設計訴求，所有皮件堅持由法國當地工匠手工製成。Le Feuillet 的包款造型簡約俐落，充滿濃厚的設計氣質，特別的是，其商品的靈感是來自於設計準則與建築。強大的視覺設計結合傳統精湛工藝，使用設計師特別研發的防潑水塗層，更為旗下系列包款的牛皮皮革，帶來不同以往的霧面質地。

理性紳士首選

155

Le Feuillet ／ BRIEFCASE _ BLUE PETROL · 深藍色科技皮革公事包

從此款公事包的外型便可發現品牌訴求的簡約設計，此公事包的容量極大，並使用品牌研發特製的科技牛皮，打造出光滑且防水的皮革表面。不提供背帶，但當你握著此款公事包，你會體驗到包包在設計上的一致手感，從皮革厚度，大小與重量，到細節的拉鍊使用，麂皮襯裡，使用經驗順暢，整體與局部的設計上更是和諧，雖然沒有百年工藝經驗，但堅實的設計力卻也讓此款包包紳士們足以應付訴求商務與時尚的辦公樣態。

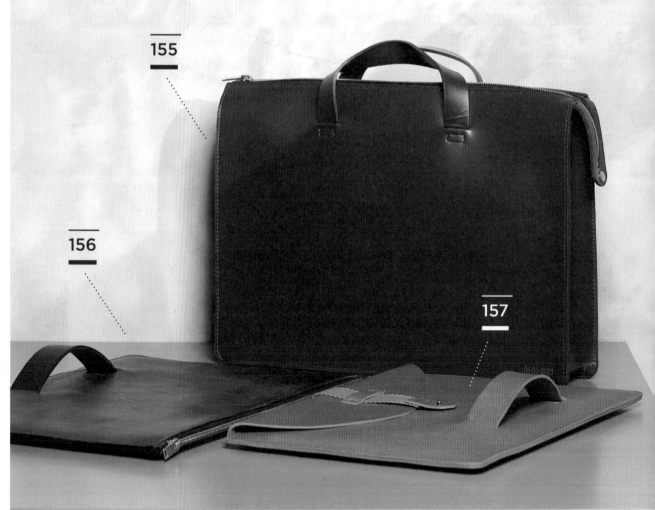

155

156

157

156

Le Feuillet ／ LA POCHETTE À MAIN _ TABLET _ BLACK ·
黑色植物鞣皮革筆電包

此款皮革筆電包造型簡約，輕薄的外表卻也可
以收納 A4 尺寸的文件夾，並可收納 13 吋的筆
電。右下角的數字標記，格外引人注意，品牌
刻意在各單品加入數字貨號，表現出彷彿藝術
作品般的精緻氣質。

BUY X By Bluerider

157

Le Feuillet ／ LA POCHETTE À MAIN SANGLE _ COGNAC ·
焦糖色植物鞣皮革信封包

Le Feuillet 包款設計的最大特色就是設計師會
在包包的底部，加入一個手握的提把，方便持
握。除了握把，可發現信封包的不規則袋蓋，
這是品牌向英國設計大師 Ross Lovegrove 致
敬，Ross 慣常在設計中加入有機的線條，不
規則的弧線袋蓋，即是品牌向 Ross 取經的設
計巧思。

務實地叛逆

158

MCVING ／黑色鱷魚紋牛皮 V 式書包

這款 V 式書包，使用全牛皮並加入鱷魚壓紋。鱷魚壓紋的處理，讓皮革具有高低交錯的視覺觸感，連帶強化了整體的奢華感，且帶入叛逆氣質。也因為紋路多也深，所以相對防刮。V 式書包的變化度更高，牛皮背帶可有多種應用方式，可當作手提把或側背用。側邊皮帶還可調整寬度，方形改變成倒梯形的包包設計讓人驚艷！雖然是書包的造型，但變化後卻也具有托特包的效果。

BUY MCVING

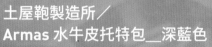

內斂 + 豪邁 =
熟男典範

159

土屋鞄製造所／
Armas 水牛皮托特包__深藍色

Armas 水牛皮是以玻璃球打磨表面，使之光滑強韌，不同於 Vehicle 系列的皮革，使用後具有柔韌光澤感，Armas 水牛皮使用後反而可以維持硬挺感覺。包袋的開口處則採用了掛鈕的設計。內袋也加入了可以插筆的筆套。可收納 B4 文件的大容量、手提肩背皆適合的提把設計，土屋鞄製造所的會長相當推薦此款給重視機能性的紳士使用。

BUY 土屋鞄製造所

土屋鞄製造所／
UNIQ liberta 直式托特包
_ 黑色

土屋鞄製造所的包款，在造型上多
屬於基本款，從不過度強調外觀造
型，此款 UNIQ liberta 直式托特包
的設計，即維持素雅簡約的造型，
但局部細節，仍加入許多以實用性
為考量的巧思。譬如：皮革邊緣的
手工縫邊，強化邊緣的風琴摺，包
包內部亦加入可以掛放鑰匙的金屬
環。外表簡約但細節講究，這就是
這樣一個可以靜靜伴隨紳士度過春
夏秋冬的包款。

包裹溫潤手感的
幾何美學

161

土屋鞄製造所／Vehicle 大托特包＿黑色

採用「復古蠟化皮革」(Vintage Wax Leather)，皮革過程中，鞣製過程中並加入了蜜蠟，吸收蜜蠟的皮革也會隨著使用的時間，變化獨特的皮色。此包款也是土屋鞄製造推出的新系列，因為所使用的皮革紋路明顯，主打粗獷感，適合搭配素雅紳裝穿搭，運用包款的提拿，局部渲染出成熟穩重感。

`BUY` 土屋鞄製造所

162

土屋鞄製造所✕
UNIQ liberta 兩用托特包 _ 棕色

以托特包為主體，但加入肩帶，可變化手提、側背或斜背
的使用方式，滿足大眾希望一物多用的巧妙心理。UNIQ
liberta 兩用托特包是以油脂含量高的 Oil Rustic Leather
皮革製作，厚度強韌，但又帶有柔軟的質感，使用時間愈
長，皮革的光澤感會愈鮮明，同時還會增加溫順手感。黑
色的商務感相對高，棕色則適合休閒場合搭配使用。

BUY 土屋鞄製造所

優雅辦公的
日常樣態

163

MCVING ／黑色牛皮 Enve Handbag ＿ L

L 版的 Enve Handbag，放大後的造型和功能接類似公事包。設計師在設計時也希望能夠更突顯包包的線條感，因此在袋蓋的部分，刻意加入了一條橫飾的縫線設計，提把位置則加入鉚釘，並在正面加入鎖扣。最原始的手拿信封包進一步延伸，玩味了信封包的尺寸與定義，可提可背的設計變化，提供紳裝搭配的多樣表情。

164

MCVING ／牛皮 V 式眼鏡包

全牛皮製作的 V 式眼鏡包，內部使用了保護性高的科技環保布料，避免鏡片刮傷。側邊加入了扣環，也可以搭配編繩。眼鏡包的長度也經過設計，可以收放尺、筆等文具。包體側邊到正面，使用了一整片完整布料，展現出簡潔感，主視覺集中在正面的扣子。共有黑色、咖啡色、原色與鱷魚壓紋等四種顏色。

BUY MCVING

163

164

Bellago

取自義大利文 Bella(美麗)+Go(針) 的 Bellago，是日籍手作職人牛尾龍 (Ryu Ushio) 創立的手工皮件品牌。Bellago 的包款，慣用溫暖的色調以及自然的曲線為設計風格。整體造型簡約大方，無過多綴飾。具有顆粒感的皮革壓紋，也讓 Bellago 的包款，更多了一份手感溫潤的人情氣質。

165

Bellago ／ Tote Bag - BlackK

外皮與愛瑪仕包選用同一張小牛皮革，內層為麂皮材質。麂皮柔軟可保護電腦、相機等貴重物品。設有背帶，提、側背兩用，底座有防止托特包直接觸地的設計，提把部份由師傅親自縫製，有了手工縫線的張力，提把更耐用不易損壞。

166

Bellago/
Billfold Wallet _ Light Brown

內層使用豬皮，摸起來輕薄舒適，雙色跳色顯得個性時尚。外層選用小牛皮糅製而成，呈荔枝紋路。即使搭配丹寧襯衫、白 T-shirt 等休閒風，仍可襯托內斂品味。

BUY OAK ROOM

165

166

紳士的奶油
壓紋提案

行李收納
同時延伸旅行獷味

167

土屋鞄製造所／
Tone Oilnume 波士頓包 _ 深棕色

Tone Oilnume 波士頓包相當適合兩天一夜的小旅行，包包採用箱型設計，方便衣服鞋子等大小物件都可整齊排列堆疊。此款使用的 Oilnume 皮革，經過油脂滲透，可呈現出原始的皮革色調。皮質堅韌但帶有溫潤手感。整體設計使用較柔和、簡潔的線條，因此握把設計也較細，提起來相對具有有輕盈感。除此之外這個包有一個特別之處，使用較粗的 0 號線縫製，讓縫線特別明顯，也是土屋鞄製造所設計的特色之一。

BUY 土屋鞄製造所

下班後的百搭風格

168

MCVING ／
黑色義大利牛皮經典波士頓包

品牌創立第一年就推出的長銷經典款。此款波士頓包可調整提把長度，背帶亦可拆掉，提供使用者充分變化空間。黑色牛皮質感柔軟，休閒中仍具有優雅氣勢。不論是休閒或正式服裝，都非常好搭配，充裕的容量，也是紳士下班前往健身房的優雅道具。此款波士頓包的紋路比較自然，但皮帶則使用質感平滑的硬牛皮，視覺上交錯兩種質感，突顯細節精緻度。

BUY MCVING

169

170

單手搞定輕裝道具

171

169

MCVING ／黑色鱷魚紋牛皮 Enve Handbag _ 中

此款包包是從信封包延伸的變型，增加厚度，提昇包包的裝載容量。包包的原型雖然是信封包，但在設計上，則加入提把，使其具有公事包的氣質，將信封包從手拿延伸到手提，如扣上背帶，更可以側背方式使用。

170

MCVING ／黑色義大利牛皮小雙包

很難想像，一款包包可以具有六種變化。所謂小雙包便是同時將兩種手拿包結合在一起。兩個手拿包分別使用牛皮與麂皮，各自呈現不同質感。雙包可以合併，使其成為各自獨立或合併。扣上背帶即可肩背，或可搭配編繩，以手提包的方式使用。實用性佳，且不會佔據雙手太多空間！

171

MCVING ／牛皮 Clutch 護照包

此款牛皮護照包共有黑、咖啡與鱷魚壓紋三種設計，內附可收納八張卡片的零錢包，以及一條編繩。雖名為護照包，也適宜手機且具有多卡收納，在使用上也像是手拿包，或作為長夾。內部具有四個夾層，收納層次豐富。零錢包可以固定在護照包內，也可單獨拆下，與編繩搭配延伸多種應用方式。非常適合紳裝男仕輕裝外出使用！

BUY MCVING

172

172

土屋鞄製造所／
UNIQ liberta 釦式短夾 _
棕色

UNIQ liberta 皮革含有豐富油脂，約使用半年後，皮革就會變軟，手感會隨著時間逐變化，是土屋鞄製造所的員工們最喜歡的系列。附有硬幣收納袋，共有四個票卡夾層以及兩個收納袋，特別推薦給喜歡感受皮革色澤變化，也喜歡在皮夾收納雜物的懷舊紳士。

173

土屋鞄製造所／
Urbano 短夾 _ 黑色

Urbano 短夾的特點在於它小巧簡樸的造型，其尺寸接近四吋智慧型手機，攤開後可見零錢袋、票卡夾、紙鈔口袋等空間。Urbano 短夾與 Urbano 公事包使用同系列皮革，也是土屋鞄製造所社長個人相當喜歡的材質。同樣地，使用愈久，皮革光澤與紋路都會愈明顯耐看。

173 ....

174 ....

簡單低調的
生活態度

174

土屋鞄製造所／
Cordovan 馬臀皮短夾 _ 棕色

Cordovan 馬臀皮是非常稀有的皮革，因為經過職人多次刨薄皮革表面，外觀上特別有俐落感。也因為稀有所以價格稍高。一般使用者通常無法判斷馬臀皮的價值美感，但若遇到識貨伯樂，卻也可以快速提升個人品味。

BUY 土屋鞄製造所

175

Ettinger／深藍色商務旅行包

馬鞍皮製的商務旅行包，耐磨，延展性好，內設多種尺寸夾層，可插筆、放名片、機票、文件。邊條有收合布貼心設計，包包寬度得以延伸，收納更多物件，放 iPad mini 也不嫌擠，特別適合短期出差的男仕，到外地住一晚，拎著旅行包即輕巧上路。

175

輕熟男最愛 —— 顯眼低調皮件巨星

176

177

Ettinger

創立於 1934 年，有「英國愛馬仕」之稱皮具品牌 Ettinger 是現今少數尚由家族企業掌控的世界級奢華皮具品牌。Ettinger 的所有皮具只選用最頂級皮革，並且全在英國本地製作。這樣的策略讓 Ettinger 在過去幾年屢獲殊榮，並在 1996 年頒發皇室認證，正式將其列為皇室御用用品的供應商。

176

Ettinger／黑色鈔票夾錢包

延續經典雙色設計，減少夾層，整體輕薄俐落，建議用來收納紙鈔及卡片，建議搭配零錢包使用。內附金屬夾，不必擔心紙鈔掉出。若男仕習慣把皮夾放褲子口袋，記得坐下時先取出，免得皮革變形，由於款式簡約俐落，放上衣口袋為較適當作法。

177

Ettinger／紅黃雙色卡夾

Ettinger 最早為電影製作道具，工業革命後才慢慢轉型奢華皮具品牌。此款卡夾使用馬鞍皮革，質地柔軟兼具韌性及鬆軟度，最大特色為雙色皮夾設計，跳脫皮夾多為深色的刻板印象！ BUY OAK ROOM

178

土屋鞄製造所／
Bridle 長夾 _ 墨綠色

British Bridle Leather 是英國製作
馬具的皮革，具有悠久的歷史，但
質感出色。Bridle 的皮質堅硬，需
要經過很長時間的鞣製，四至六個
月才能完成一張 Bridle Leather。
此款皮夾造型設計簡約，強調本身
質感韻味，除了墨綠色，另有深淺
棕色兩種選擇。

179

土屋鞄製造所／
Cordovan 馬蹄形零錢包 _ 棕色

使用「皮革鑽石」之稱的 Cordovan 馬臀皮，反覆進行
層層上蠟、水染上色工序，打造質感光亮，透過視覺即可
感受色韻深厚的高雅質感。當翩翩紳士，面臨需要支付零
錢的場合，從容地從口袋中拿出此款馬臀皮零錢包，誰能
不對你的品味細節刮目相看呢？

皮包選擇
決定個人風格

180

土屋鞄製造所／
Tone Oilnume 纏繞式長夾 _ 棕色

Tone Oilnume 系列是土屋鞄製造所最受歡迎
的系列，此系列設計相對中性，男女接受度皆
高，Oilnume 的皮革質地軟，塑型空間大，適
合變化不同設計應用。纏繞式長夾屬於罕見的
皮夾設計，皮繩纏繞的設計，增加隨興自由的
感覺，適合文青氣質的紳裝搭配。

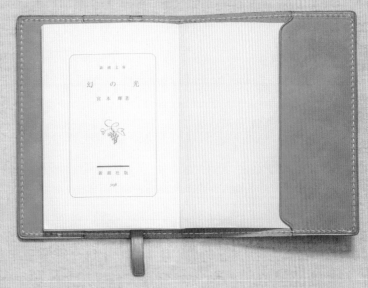

以質感包裹
個人思考

181

土屋鞄製造所／ Nume 文庫本皮套 _ 棕色

此文庫本皮套最大約可放入 15×13 公分的文庫本尺寸圖書，由於台灣較少文庫本的閱讀風氣，但卻也可以用來放入筆記手帳。皮套使用硬度高、厚度強的 nume 皮革，皮套的外層刻意削減裝飾設計，內層亦取消特殊加工，正反兩面呈現出皮革的不同表情，以裝載的書本為主體。低調中庸的設計思考，似乎也反映了凡事適度、恰好的樸實思維。

BUY 土屋鞄製造所

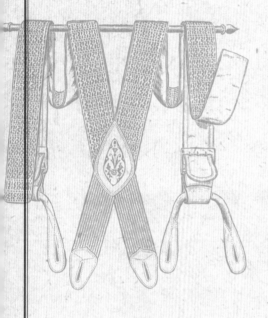

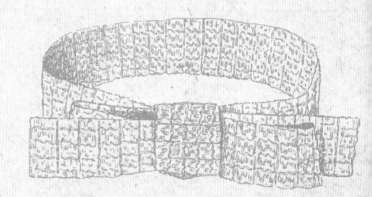

ACCESSOR

配件

紳裝是盔甲，是第二層皮膚，也是我們面對世界的第一張
名片。設計炫麗的皮鞋、質感出眾、設計俐落的西上裝，
它們都是紳裝世界中的萬人迷，每次出場總能備受矚目的
A 咖巨星。不過別忘了，在紳裝的世界中，仍有一群常被
忽略，但同樣能變化工藝與設計質感、兼具實用性，支撐
每位男仕度過每次會議、約會，以及日常作息的 B 咖物件。

玩味紳裝風格的男士們，別忘了紳裝風格最有趣的地方在
於，如何在充滿限制與規則的邏輯中，變化個人風格。未
使用金屬支撐的鏡腳、自動上鍊機芯、表裡兩面雙色傘……
無法直接辨識，但處處暗藏玄機的微小配件，日常應用的
常備物品，都是紳家玩家們，滲透品味細節的最佳切點。

眼鏡

風格、品味、舒服的三位一體

一直以來，眼鏡始終都是時尚產業裡，最枝微末節的小事。扣掉穿著的衣物以外，一雙造價高昂的手工皮鞋，動輒以萬元起跳；手上的腕錶更不提，叫得出名號、帶有設計味的款式，六位數，差不多也才踏進高級品的大門前幾步。還好，這幾年在日本眼鏡集團與香港街頭潮流媒體的聯手推波助瀾下，眼鏡儼然成為了亞洲男性的臉上玩物之一。泰八郎、手工框、無螺絲鏡腳，只要稍微翻過雜誌、網路扒過資料，每個人都喊得出幾個似曾相識的名字。買眼鏡勢必就要分類手工框、非手工？日本框架就一定是職人？且去看看傳統平價連鎖通路裡，多少打著日本名字的品牌，翻開鏡腳內側，Made in China。買眼鏡，不求別的，多看是基本功課。看品牌、看設計手法、看手工雕花、看板料的成色、看賽璐璐的油亮，當然也要記得看細節修飾和電鍍品質。

沒有哪一個品牌的哪一個款式一定政治正確。你跟余文樂、強尼戴普的臉型不盡相同，他們戴在臉上好看的，你當然也可以試試，但是否服貼臉型、鼻樑是否卡得緊？瞳孔與鏡片的距離是否舒適？這些也都是必須同時考慮的。但如果你真的好喜歡余文樂跟強尼戴普？也 OK！專業的眼鏡店家，還是可以為眼鏡的細部作調整，更貼合你的臉型，甚至考慮到你的使用習慣、日常需求，但就是光學以外的專業，是另一個大課題了。這樣說吧！風格、品味、舒適度，三者缺一不可。眼鏡是戴在臉上的，讓別人看見你的風格物件，但多數人都忘了：眼鏡也是讓自己（眼睛）看得舒適的生活道具。喜歡復古、喜歡私文書卷、喜歡輕量化、喜歡經典品牌？都好。還是那句話，欣賞眼鏡，要多看。一副 3000 元含鏡片的款式或許和一副 16,000 元不含鏡片款式，設計風格相仿，但細節落差在哪裡？多比多看，有天你也會是素人風格專家。

眼鏡各部位介紹

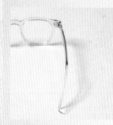

結構

拿起一副眼鏡，欣賞整體的結構非常重要。結構不只是兩副鏡片、一個面、兩只（鏡）腳那麼單純的事。人的臉型有寬、窄、方、圓之分。戴上臉的眼鏡更重視結構的平衡，弧度。部分歐洲品牌甚至有亞洲版，符合東方人的需求。拿到一副眼鏡，試著平放，從各個角度慢慢欣賞吧！

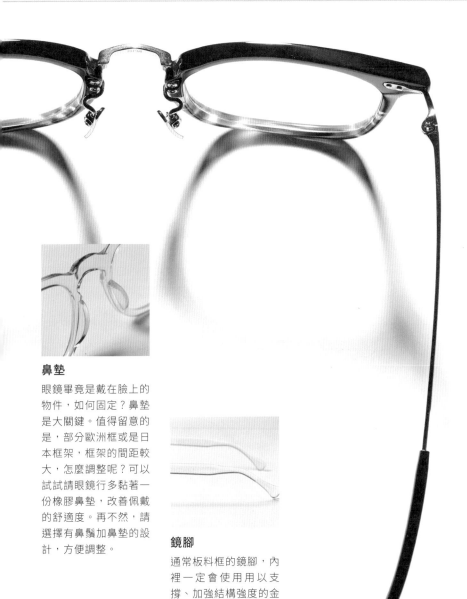

鉸鍊

在鏡框和鏡腳接合處，用以連結的功能性設計。東西方的變化差異頗大，在日本稱做「蝶番」，中間以螺絲固定，但因為開闔形狀宛如蝴蝶因而得名。在西方，部分品牌使用彈簧、部分品牌使用各自設計的無螺絲結構。欣賞不同的鉸鍊結構，是美感上的樂趣，但至於孰優孰劣？其實沒有絕對標準。

鼻墊

眼鏡畢竟是戴在臉上的物件，如何固定？鼻墊是大關鍵。值得留意的是，部分歐洲框或是日本框架，框架的間距較大，怎麼調整呢？可以試試請眼鏡行多黏著一份橡膠鼻墊，改善佩戴的舒適度。再不然，請選擇有鼻鬚加鼻墊的設計，方便調整。

鏡腳

通常板料框的鏡腳，內裡一定會使用用以支撐、加強結構強度的金屬蕊芯。同樣隨著設計師投入了越多心力之後，甚至連內裡的金屬鏡腳，也會用上雕花，雕花的質感也有高下之別，值得多多欣賞。而這一副 TVR 的眼鏡，難得使用 4mm 的薄版賽璐璐，卻未使用金屬支撐，相當考驗製造難度。

飾樣

為了讓鉸鍊固定在鏡腳和鏡框上，不少醋酸纖維或是賽璐璐框，會在鏡架外側，多做一個固定用的金屬飾片。原本只是為了功能性的設計，但隨著眼鏡設計師的巧思，有人單純以稜形，有人造了一對翅膀，甚至也有人以星星或圓點取代，最終演變成某種識別的視覺幾何樂趣。

職人的奮起

182

山田光和／賽璐珞眼鏡

談起日本的眼鏡職人，幾位老先生的名號，大家早已耳熟能詳，不必贅述。但同樣來自福井的老職人「山田光和」，雖然名氣不算盛大，但使用薄版的賽璐珞，同時整只鏡架的金屬都使用醫療級的「太陽白金」，親膚、不過敏，鏡腳與鼻架處更佐以相當細膩的雕花。魔鬼，原來真的藏在細節裡啊！ BUY HotIce

純銀與黑膠框的聖杯

183

Chrome Heart ／薄版純銀黑框眼鏡

在黑膠框的品牌中，有塊神聖的領域無人能及，他融合了 925 純銀與黑膠框，那就是 Chrome Heart。然而 Chrome Heart 對亞洲人的困擾就是板料太為厚重，還好，現在品牌作出調整，推出薄型款式，兼具黑色膠框的油亮、純銀飾樣的奇異風采，更是一生中值得擁有一件的聖杯。

BUY 必久戴

新世代時髦金屬框

184

Bobby Sings Standard ／鈦金屬圓框眼鏡

日本眼鏡除了以職人聞名，近年另一派以設計師為主打，其中由森山秀人（Hideto Moriyama）負責的 Bobby Sings Standard，頗具復古味。新款的正圓框透過雙層鈦金屬，一黑、一金，散發著難以忽視，卻又時髦的奇異鋒芒。鈦金屬本身輕盈，加上設計師的巧思，對喜愛正圓框的買手們，相當值得投資。**BUY** JEpoque

中金正夯

什麼是中金？隨著大量融合板料與金屬的複合框架興起，不少眼鏡的鏡片外緣可能以板料包覆，但正中央連接之處，卻閃耀著金屬的光澤。

185

186

Masahiro Maruyama ∕
半金板料眼鏡

丸山正宏這個設計師品牌，以不對稱、不完美的「Unfishined Art」為設計概念，推出後已經快速席捲日本、亞洲與歐洲市場，並且價格還在持續調升當中。透過不完美、幾乎草繪感的線條，不僅框架特殊，連鏡片的切割也不尋常理。想與眾不同？銀彈充裕的讀者們，值得投資一副。**BUY**
HotIce

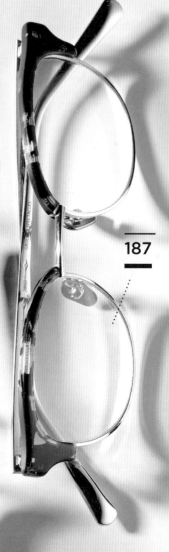

187

185

DITA ∕眉架半金眼鏡

要認真檢討「眉架」的風潮？DITA 的「Statesman」，絕對是箇中重要舵手之一。不過喜歡經典不必完全跟風，這款 Statesman II，是一代的小改款。金屬的 coding 相當足料，同時黑色的鏡架少見以霧面處理。「中金」的表面還經菱格紋處理，偷渡些斯文氣息。**BUY** 保視力忠孝旗艦店

186

187

Groover ∕眉架板料眼鏡

拜復古風潮所賜，曾有一段時間，上緣板料，下緣金屬外緣的「眉架款」，一度成為某種復古的指標。Groover 這只款式，在內側有非常趣味的弓箭雕刻，頗具印地安民族風，同時整只鏡腳完全以金屬製成，雖然配戴起來有點冰涼（笑），但可是正港男人味，質感上乘。**BUY** HotIce

188

Von Arkel ／鈦金屬光學眼鏡

Von Arkel 一共有四位創辦人，但他們最為罕見之處，卻是找來瑞士的專業機芯廠 Dubois Depraz 合作。將原本運用於機芯製造的精密技術，轉而運用在鉸鍊接合處。看似平凡無奇，但是組裝容易，而且耐用度大幅提升，一如瑞士高級腕錶，看似平凡，但工藝藏在細微處。 BUY 2Epoque

191

Mykita ／金色鈦金屬光學眼鏡

和 IcBerlin 一樣系出德國，Mykita 同樣以特殊、無螺絲的金屬鉸鍊見長。而且近年來的設計越來越簡潔，也受到大量西方名人、名流的愛戴。全金色的款式，薄如紙張，但鏡腳另付膠套，增加佩戴度，不僅是好看而已。 BUY 保視力忠孝旗艦店

188

190

191

190

輕量主義

189

189

Linberg ／鈦金屬圓框眼鏡

同樣是無螺絲，來自丹麥的 Linberg，除了是丹麥王室自己也愛用的品牌，不使用彈簧、不使用螺絲，但特殊的螺旋結構，可以將鏡腳完全撐開。加上鈦金屬的超輕量，雖然不是最摩登的款式，卻有機會讓你戴得最為長久。 BUY 必久戴

190

Frost ／ 藍色薄鋼眼鏡

來自德國的設計師品牌，由 Paris Frost 與其妻 Marion Frost 一同創立，但 Marion Frost 實際才是 Frost 的靈魂人物。雖然使用了螺絲，但強調完全在德國手工製造的嚴謹品質，鏡腳內側，可是附上了 handmade in Germany 的字樣。 BUY 保視力忠孝旗艦店

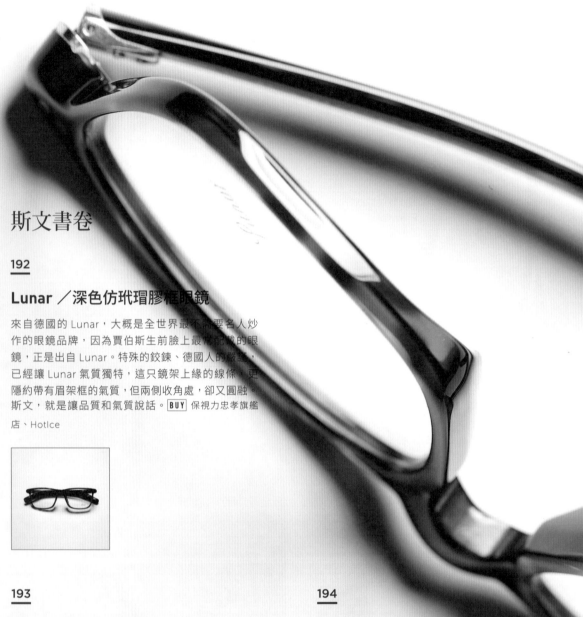

斯文書卷

192

Lunar ／深色仿玳瑁膠框眼鏡

來自德國的 Lunar，大概是全世界最不需要名人炒作的眼鏡品牌，因為賈伯斯生前臉上最常配戴的眼鏡，正是出自 Lunar。特殊的鉸鍊、德國人的嚴謹，已經讓 Lunar 氣質獨特，這只鏡架上緣的線條，更隱約帶有眉架框的氣質，但兩側收角處，卻又圓融。斯文，就是讓品質和氣質說話。**BUY** 保視力忠孝旗艦店、HotIce

193

Gold & Wood ／雙層木頭眼鏡

必須說在前頭，Gold & Wood 的「木」，並非以整塊實木製造，事實上，因為用多片的木板經過高壓密合，造成了 Gold & Wood 兼具了木質的氣質，也增加了韌度。好處是鏡腳還可因應佩戴者的臉型做調整，睿智而雅緻。**BUY** JEpoque

194

山田光和／正圓框賽璐璐眼鏡

前面介紹過的山田光和，是同樣出自福井的傳統眼鏡老職人。這只正圓框的鏡架，同樣採用了賽璐璐與太陽白金當物料。賽璐璐目前僅剩日本在生產，而且放在強光下直射，內裡的紋理、光澤，混然天成。**BUY** HotIce

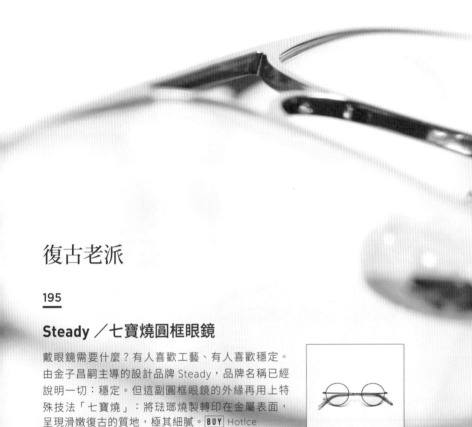

復古老派

195

Steady ／七寶燒圓框眼鏡

戴眼鏡需要什麼？有人喜歡工藝、有人喜歡穩定。
由金子昌嗣主導的設計品牌 Steady，品牌名稱已經
說明一切：穩定。但這副圓框眼鏡的外緣再用上特
殊技法「七寶燒」：將琺瑯燒製轉印在金屬表面，
呈現滑嫩復古的質地，極其細膩。 BUY HotIce

196

TVR ／ 504 透明賽璐璐眼鏡

鎖定 1970 年代復古風格的 TVR，品牌全稱為 True
Vintage Revival。這款賽璐璐眼鏡的板料極薄，僅
4mm。同時因完全透明，可以看得到鏡腳裡完全沒
有支撐、一體成型。鉸鍊處的細節也處理得相當漂
亮，沒有「溢膠」的現象。全透明，是老派風格的
問心無愧。 BUY HotIce

197

Kaleos ／全金復古眼鏡

雖然不算真正的知名品牌，但 Kaleos 這只金屬鏡
框，框架呈現略微淚滴式的輪廓，同時金屬的電鍍
也非常細膩，成色漂亮。不像眼鏡大國如日本的細
膩、德國的嚴謹，西班牙的 Kaleos，擅長以造型取
勝。但全金外顯張揚，不是行家？駕馭難度頗高。
BUY 保視力忠孝旗艦店

Fox Umbrellas

成立於 1868 年的英國經典雨傘品牌 Fox Umbrellas 其精細做工與出色用料，數百年來常被人稱雨傘界中的「勞斯萊斯」。Fox Umbrellas 百年以來一直堅持手工製作，採用輕薄、牢固及速乾素材行製作，其雨傘收緊之後細緻俐落，細長筆直的線條感非常優美。傘柄的部分也做工也非常細緻，各式木柄以及動物頭雕，也讓雨傘成為紳士外出漫步經典的裝飾道具。

198　　　199

陣雨中的
優雅速寫

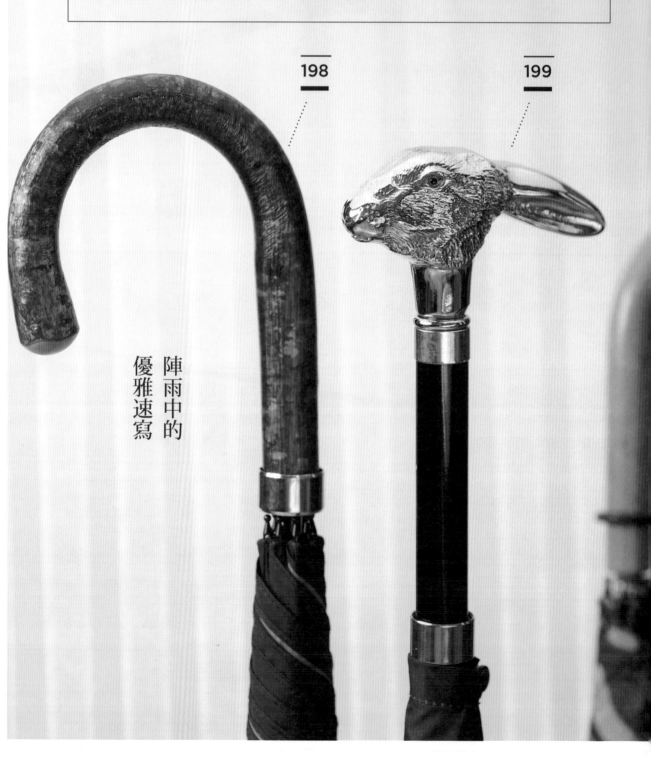

Fox Umbrellas ╱
白蠟木柄黑橘雙色長傘

要將原木製成雨傘彎狀握把相當考驗師傅
技術。Fox Umbrellas 白蠟木柄傘，握柄
保留木頭原始狀態，再以火烤燒炙，紋理、
色澤皆是獨一無二。此外，Fox Umbrellas
傘身纖細，顯得格外雅緻。全系列區分男
仕與女仕用傘，甚至可量身定製，而鋼骨
傘架抗強風，好看又耐用。

Fox Umbrellas ╱
兔頭柄黑色長傘

Fox Umbrellas 的傘柄可見許多動物頭雕，
最經典的是與品牌同名的狐狸，其詞是兔
子、獵犬、馬、鴨等狩獵相關的動物，眼
睛的施華洛施奇水晶從不同角度看會有光
澤變換。傘面則採用聚脂纖維，水一旦遇
到傘面會立刻滑開，防水性特別好，收傘
時不會在地上留下一大灘水，優雅指度提
升。傘部形狀呈弧狀內凹，包覆功能佳，
也不易被濺濕！ BUY OAK ROOM

UNITED ARROWS / 雙面傘

雙層布面的外層在海軍藍底上鋪陳白色點
點，讓這把傘具深富搭配服裝的功能，內
層則是條紋圖樣製造不同的傘下風情。在
紳士用傘（Gents Umbrellas）文化興盛
的英國，傘具是身份與品味的代表，如果
想效法英國紳士的優雅風範，選一把好傘
絕對是關鍵。

UNITED ARROWS / 咖啡色傘

在西裝的發源地——英國，傘是紳士理所
當然的配件。其實在雨傘發明的最初期，
因為雨傘是使用鯨魚骨製成，非常笨重，所
以紳士們反而是不用傘的，但經過改良，
輕也纖細的傘骨，大幅改善攜帶性，因此
也成為紳士的愛用道具。使這款傘具以木
頭傘柄和金屬傘尖打造高級質感，咖啡色
系既經典又好搭，顯示即使面對風雨也不
馬虎的紳士派頭。 BUY UNITED ARROWS

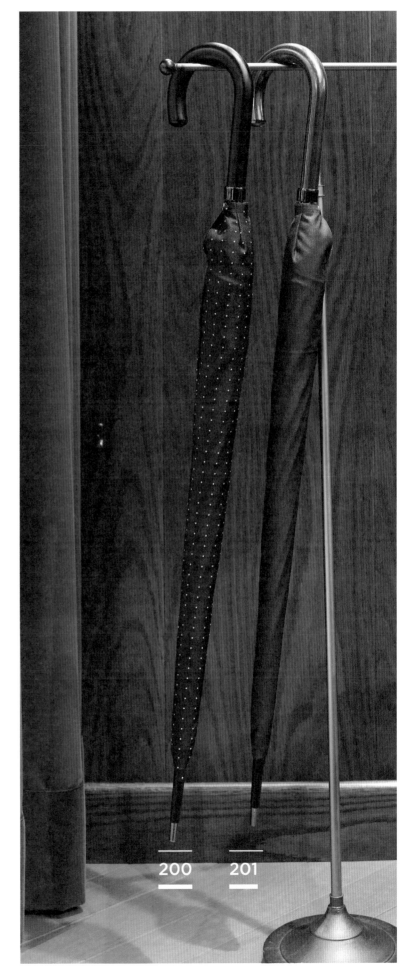

200　　201

Anderson' s

Anderson' s belt 1966 年成立於義大利的帕爾瑪,採用優質皮革及當地傳統工匠技藝製作而成。
堅守品質、顛覆傳統思維、注入各種時尚元素,讓皮帶不只是皮帶,而是紳士身上的亮點之一。
Anderson' s belt 是義大利重要品牌,每年都在佛羅倫斯、巴黎、倫敦、莫斯科等重要男裝展覽會展出,
其優雅時尚的風格頗受好評。

202
202
203

腰間裝飾

202

Anderson' s ／
深藍色素面水牛皮帶、
棕色編織皮革皮帶

一般來說,愈素、深、花紋愈少的皮帶愈正式。一般
男仕選購皮帶若為商務使用,以深色素面最受歡迎,
尤其是黑色。以義大利小牛皮製成,寬度為常見的三
公分。特別注意的是,若皮帶非素面,如編織皮帶,
則建議著牛仔褲、卡其褲等休閒裝扮使用。

203

Anderson' s ／
棕色小牛皮鱷魚壓紋皮帶

同為義大利小牛皮,寬度三公分,鱷魚壓紋紋路特
別,表面光亮,相較素面皮帶,鱷魚壓紋顯得很有氣
勢,很適合中高主管階層的大叔熟男穿搭使用,輕熟
男們則也可藉此在正裝中增添狂野感。穿搭時可注意
與鞋子顏色一致或相近,比較不會出錯。皮帶雖是消
耗品,但經常使用卻也可以避免氧化,使用後建議可
放在通風處使其自然垂放,避免變型。

`BUY` OAK ROOM

穿搭的綠葉

204

ORINGO 林果良品／
植鞣雕花紳士皮帶 經典黑、深咖啡

使用植物性鞣劑製成的皮革，成分天然親近肌膚，隨著時間洗鍊出獨樹一格的色澤變化。雙面皮革縫合與雙股車線大大提升耐用度，復古黃銅感皮帶頭與羽邊處理質感更加倍。皮帶尾端有紳士鞋常見的雕花飾孔，巧妙呼應林果良品的鞋履本業。

BUY 林果良品

地位的彰顯

205

復古 Vintage 鏈式袖扣

Vintage 鍊式袖扣體積較小，起源於真正的富人不想炫富，只願意以低調的袖扣隱約傳達家財萬貫訊息。此外，因樣式精巧、穿戴複雜，需要僕人協助，「不好使用」成為另類彰顯社會地位的方式，具有文化脈絡。延用至今，突顯社會價值功用早已淡化，但男仕藉由緩慢將袖扣自扣眼穿過的過程，猶如對現代講求快速實用社會的優雅反叛。

BUY 高梧集

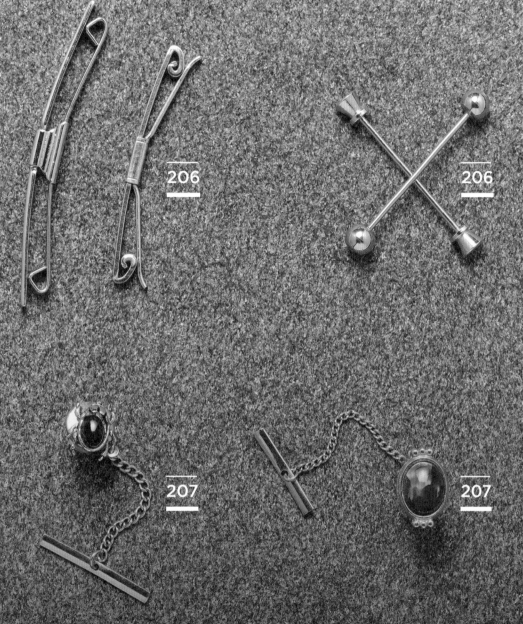

206

206

207

207

別緻小物

206

復古 Vintage 領針（夾式＆穿式）

三件式西裝、吊帶、領帶再搭配領針，如同回到爵士
Golden Age 年代的標準穿著。領針分夾式與穿式，目
的是將領帶高高撐起，顯得有型、立體。前者利用夾
住襯衫兩邊領片將領結撐高；後者則直接從領帶穿過。

207

復古 Vintage 領帶針

領帶針是傳統用用來固定領帶的飾品小小物，也可用
用來固定 Ascot Tie。在描寫傳統英式貴族文化的電視
劇《唐頓莊園》常可看到這種用法，在現代則常被領
帶夾取代；不過仍有 Old school 作風而堅持使用領帶
針的人，也有不少男仕把領帶針當作藏品，純粹收購
當裝飾。如果不願意心愛的領帶有刺洞，可搭配孔洞
較大的羊毛領帶或 Silk Grenadine 使用。**BUY** 高梧集

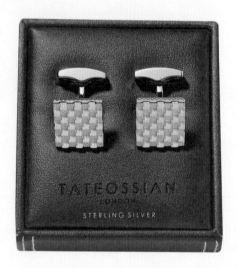

袖上寶石

208

Tateossian ／純銀方形北京袖釦

任職金融業的 Robert Tateossian 想為每天面對股市跌宕的生活注入新意，於是成立袖釦品牌 Tateossian。他熱愛旅行，常將旅遊的靈感轉化至設計中，如這一款北京袖釦來自有次創辦人至北京出差，錯落的屋瓦啟發他靈感，以純銀打造，搭配度高的素面袖釦因而誕生。

209

Tateossian ／純銀與 18K 金圓形碩石袖釦

以純銀與 18K 金為底座，內箱使用經歐盟認證的真正隕石。隕石表面有礦物斷裂貌，表面紋路不規則，左右袖釦亦不同，但要價不斐。視覺上雖然能辨識出其優異質感，但不說一般人卻也難以發現其原料是太空隕石，這種秘而不宣，默默閃爍，等待內行人發現的低調哲學，或許也正是最能體現紳裝穿搭的樂趣之一。

BUY OAK ROOM

穩定西裝靈魂

210

UNITED ARROWS ／ 領帶夾

領帶是紳裝的靈魂，領帶夾（Tie Clip）便是一個可以將領帶固定在衣襟上的小道具。使用時須注意把領帶稍微拉出立體感，配戴的高度大約落在襯衫的第三與第四顆鈕釦中間，與西裝胸部口袋巾的位置平行。切記領帶夾的長度不要超過領帶的 3/4 寬度。在胸部加入一點金屬質感，不至於太過搶眼，算是正式場合的加分配件。

BUY UNITED ARROWS

線條的趣味

211

Albert Thurston 英國製吊帶

台灣男仕對吊帶可能比較不熟悉，但吊帶其實是取代皮帶的物件，甚至比皮帶更好用。吊帶可固定褲款高度，如久坐站起不需再拉褲子，隨時創造好看的褲款線條。Albert Thurston 是經典老牌高級吊帶製造商，使用絲質 (Silk Rigid) 的西裝布料當吊帶主體，比較罕見；與市面的鬆緊吊帶相比，西裝布料吊帶與西裝相容性高，質感更佳。

BUY 高梧集

手錶

紳士品味腕錶百選

如何挑選一只具有紳士品味,又經得起時間洗禮的腕錶?簡單的問題、複雜的答案。時間一直都是公平的,一年365天、一天24小時、一小時60分鐘。但腕錶卻是不公平的,有價位高低、有精確快慢、有風格之別。那麼該如何挑選一只別具紳士品味的腕錶?品牌力、特殊性、精準度,是三個萬變不離其宗的準則。

怎麼挑品牌?屬於大型專業鐘錶精品集團如 Swatch Group、Richemont、LVMH 的品牌可以優先考慮。因為有集團資源挹注,在整體品質上有基礎保障,同時售後服務皆有一定窗口相應。除此之外,不少頂級精品在近十多年跨足專業製錶,例如 Hermes、Montblanc 或 Louis Vuitton,積極推出各具設計感、迥異於傳統邏輯的新款腕錶,同

樣出色出眾，值得非典型玩家的多一點關注。

至於特殊性則比如腕錶在設計上自成一格，可能是面盤上的表現形式，或是錶殼的特殊線條。像是有些腕錶的造型跳脫主流，或方、或酒桶、或三角，更因為其具有獨特的辨識度，在服裝造型上，也能為整體印象大幅增色，展現佩戴者的個人趣好。

第三選項的精準度，筆者反認為可以當作參考指標，而不必絕對先行。機械錶因為由齒輪組成、受到生活中無所不在的磁力影響，即便瑞士天文台認證，一天也容許機械錶有 -4 到 +6 秒的日均差。精準當然可以是挑選腕錶的重要參考，是一種渴望、是追求，卻不盡然是絕對。想分秒不差？看手機不就得了。再不然，培養守時的觀念，那可比手錶每天誤差慢幾秒、快幾秒？對人生來得重要多了。

紳士的起手勢

212

212

TISSOT ╱ Heritage 1936

或許不被定位成高級品，但 160 多年的歷史，卻讓 Tissot 成為值得信賴的老大哥。Heritage 1936 則是錶廠一只 1936 年古董款式的復刻。46mm 的超大尺寸，配上深咖啡色皮帶、黑色寶璣式指針，頗有懷錶的氣息。同時後底 蓋還可打開，讓人仔細端詳手上鏈機芯的結構之美。

213

Hamilton ╱ Ventura Elvis 80

對多數腕錶而言，圓是主流。然而 Ventura 卻是腕錶史罕見的盾牌型。Ventura Elvis 80 是紀念貓王 Elvis Presley（也是原本 Ventura 愛戴者）的八十週年紀念款， 雖然使用石英機芯，但側邊帶有弧度的藍寶石水晶極其優美，加上 42.5×44.6mm 的超大尺寸，存在感十足。

214

MIDO ╱ All Dial 星期日曆腕錶

不到四萬元卻還擁有「瑞士天文台認證」？大概只有夾帶 Swatch Group 集團資 源挹注的 MIDO 辦得到。All-Dial 羅馬競技場是品牌長青系列，面盤上的紋路、錶 殼形狀，皆是從羅馬競技場的建築結構線條脫胎換骨而來。不到四萬元的價格，有 時、分、秒、日期、星期功能，在入門價位中，相當有競爭力。

215

Grand SEIKO ／ Hi-Beat SBGH 001

來自東方的精工，向來以精準、精確、細膩聞名。而他們旗下的 Grand SEIKO，更是以超越瑞士天文台的精準而自負。這只 SBGH 001 腕錶使用了高振頻 36,000 轉的 9S85 自動上鍊機芯，除了平均日差在 -3/+5 秒，較瑞士天文台還要來得嚴苛，錶殼、面盤時標、指針的打磨修飾也異常嚴謹，CP 值高。

216

Hermes ／ Arceau 自動腕錶

不僅是造皮件的頂級品牌，Hermes 從 1978 年建立錶廠，2006 年購得高級機芯廠 Vaucher 25% 的股份後，早早脫胎換骨，晉身專業製錶之林。這款 Arceau 機械腕錶除了有名設計師 Henri d' Origny 設計的高辦視度馬鐙造型錶殼，H1837 自動上鏈機芯更是自家研發，讓法國的時髦品味、瑞士製錶的深邃，合而為一。

217

ORIS ／ Calibre 111

想擁有一只造型優雅又具長動能的腕錶？ORIS 的 Calibre 111 十日鍊相當值得玩味。除了是品牌自行研發的自製機芯，透明的後底蓋也可欣賞到機芯佈局。尤其面盤上由左至右，由動力儲存、小秒針盤、日期窗，串成一條視覺的水平軸線，不是巧合，只會是製錶師的設計巧思。

217

淺嚐
腕錶工藝魅力

歷史、經典、
進階玩家獨到視角

219

Cartier ╱ Santos 100

身為鐘錶史上第一只投入量產的腕錶，Santos 最早因飛行員的需求在 1904 年誕
生。Cartier 在該系列問世的 100 週年時發表了這只 Santos 100，羅馬數字時標、
劍型指針，錶圈上的螺絲，受到無數名人的歡迎愛戴。雖然只有簡單的三針，卻具
備高辨識度，歷久彌新。

218

Girard Perregaux ／ 1966 大三針腕錶

身為擁有 200 多年歷史的老廠，芝柏的 1966，即被資深藏家認定是最具老派紳士風範的經典款。芝柏製造複雜腕錶的能力不再贅述，這款 1966 推出的長青款，以柳葉型指針、立體小時時標、圓點分鐘刻度，展示了簡約的雅士風範。有大三針加日期的功能組合，對於手錶，其實我們的最基本需求莫過於此。

220

Franck Muller ／ 7855

提到酒桶型，Franck Muller 二十年前以 Crazy Hour 打下一片江山，於是酒桶型修長、微醺的魅力，始終在 Franck Muller 手裡最為得心應手。這只 7885 七日鏈腕錶，使用了白色琺瑯面盤，加上略微變形的復古阿拉伯數字、柳葉型指針，修長、復古，別具魅力。

221

IWC ／ Big Pilot 7 Days Power Reserve

軍錶好像總給人粗獷不羈的印象，但 IWC 的大飛行員七日鏈腕錶是例外。飛行員系列普遍具有簡明易讀的刻度、大型指針，而「大飛行員」的面盤則在尺寸上更寬闊來到 46mm。雖然後底蓋採密閉式，但皮帶卻選用義大利名家 Santoni 的皮錶帶，加上搶眼的啄木鳥式錶冠，質感一等一。

222

222

OMEGA ╱ Planet Ocean 600 米

紳士不一定文靜，紳士也可以允文允武。像運動錶老手 OMEGA 的 Planet Ocean 600 米腕錶，使用同軸擒縱 8900 自動上鍊機芯，還經瑞士國家計量局認證，精準更勝瑞士天文台。黑色陶瓷錶圈上有液態金屬刻度，潛水性能更達 600 米，無論海底探險、正裝晚宴，悠然自得。

223

223

Jaeger-LeCoultre ╱ Reverso Tribute Duo

長方形的腕錶不算少，但積家的 Reverso 光錶殼就接近 100 個零件，造工極其精密。這只 Tribute Duo 雙時區款式，銀色面盤使用了藍鋼指針與時標，藍色面盤則使用了銀色指針與時標，斯文而雋永，並具備兩地時間與日夜顯示。如果一輩子只買一只長方形紳士錶款，肯定會是 Reverso。

224

224

Montblanc ╱ Nicolas Rieussec Chronograph

想擁有一只計時碼錶？如果把範圍鎖定在二十到五十萬，選擇已非常多元，其中萬寶龍的 Nicolas Rieussec，向計時器的發明人致敬：將指針固定，讓計時面盤轉動，如此特殊的表現形式，極其罕見。值得一提的是，機芯更由百年專業機芯廠 Minerva 研發，面子、裡子，一次擁有。

STATIANEF

文具

在沒有手機與電腦的時代，鋼筆與手帳是可說是傳統紳士書寫記事的必要文具。自從美國鋼筆品牌 Sheaffer（西華）在 1920 年代，推出改良拉桿式上墨鋼筆後，內含墨水，可隨身帶著走的鋼筆從此問世。它滿足了人們對於書寫的需求，同時也讓鋼筆成為可以隨身攜帶的使用道具。到了 1930 年代，以滾動小球作為筆尖，不需要額外沾墨的原子筆開始出現，同樣便於攜帶，使用上更為乾淨、簡單的原子筆大量普及，因此推動了人們的書寫習慣。雖然鋼筆的全盛時代已經過去，但其獨特的手感與雋永的特質，卻也讓鋼筆在當代成為一個口袋上無法忽略的美麗存在。其實鋼筆的實用性極高，筆尖的材質通常以質地柔滑但又堅硬無變化的不鏽鋼為主流，其中影響書寫風格的則是筆尖的厚度以及彎曲弧度。喜歡粗字的可以選用粗字 B 尖，細字 F 尖則適合書寫記事。鋼筆的上墨方式，則可以分為吸墨式、卡式、吸卡兩用式三種。最典型的是將筆尖置入瓶裝墨水吸墨的吸墨式，便於抑制墨水開銷為其一大特徵。而卡式只需更換墨水管就能輕鬆攜帶使用，但相較於瓶裝墨水，顏色種類較為受限。吸卡兩用式顧名思義，就是吸墨是跟卡式都能內合自己需要使用，最為方便！

如何挑選手帳也是一門學問，規格是挑選手帳時必須要納入考量的重點。直式筆記本因翻頁容易，較適合快速記事與備忘；橫式筆記本因為可同時展示左右兩頁，書寫內容一目瞭然，適合各類筆記與心情記事。此外，內頁紙張普遍有空白、橫紋、方格等樣式，也不乏其他特殊圖樣。月記事、週記事或日記事的版面規劃更是各有不一。手帳是一個人生活、工作與思考軌跡的記錄。對於裝訂、外皮、內頁與格式的重視，方能選擇最合乎個人需求的手帳。

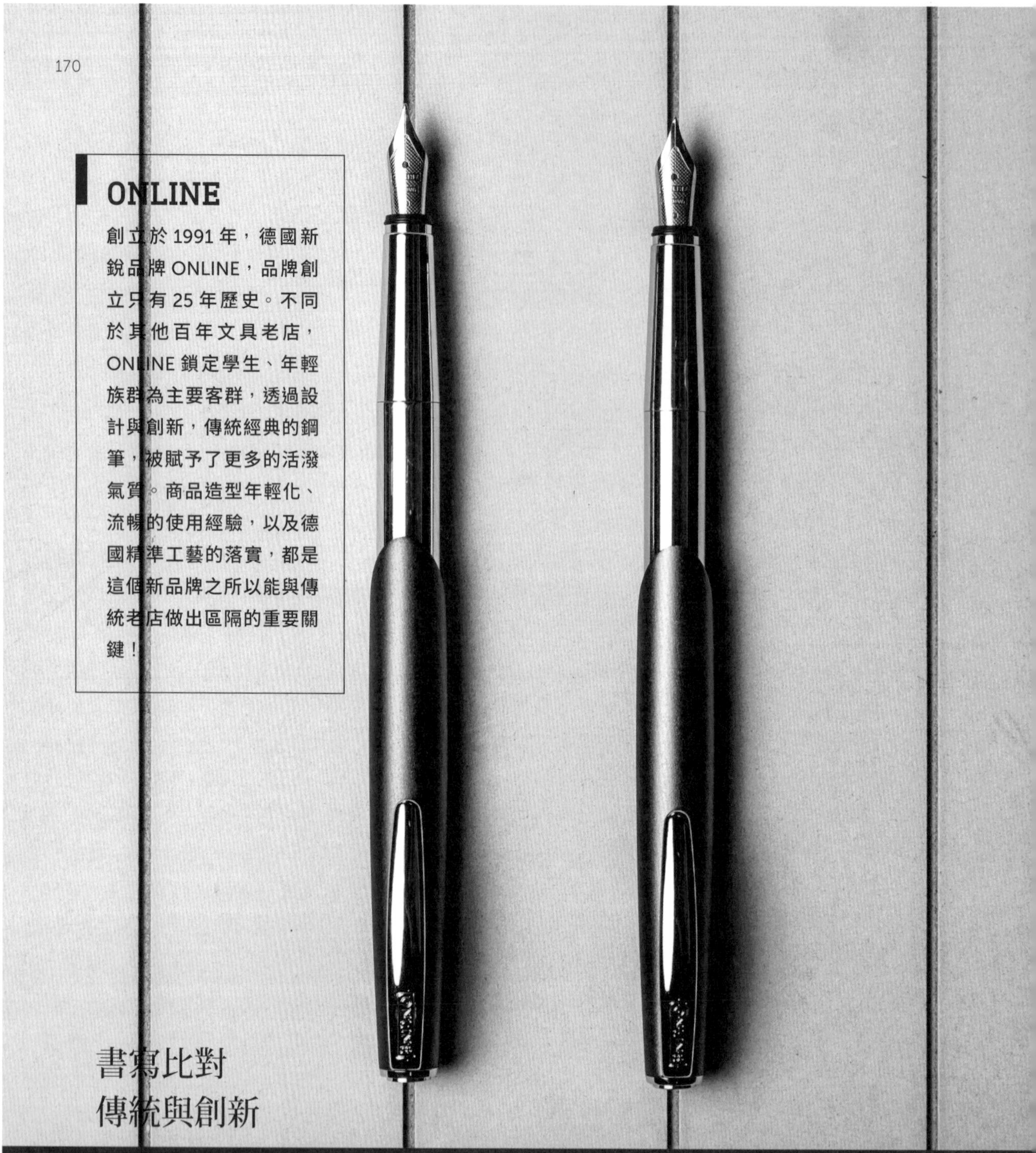

ONLINE

創立於 1991 年，德國新銳品牌 ONLINE，品牌創立只有 25 年歷史。不同於其他百年文具老店，ONLINE 鎖定學生、年輕族群為主要客群，透過設計與創新，傳統經典的鋼筆，被賦予了更多的活潑氣質。商品造型年輕化、流暢的使用經驗，以及德國精準工藝的落實，都是這個新品牌之所以能與傳統老店做出區隔的重要關鍵！

書寫比對
傳統與創新

225

ONLINE ／意象鋼筆 _ 深藍 _EF 尖
ONLINE ／意象鋼筆 _ 灰 _F 尖

德國新銳製筆品牌，因為年輕，所以沒有太多包袱，設計非常天馬行空。ONLINE 意象鋼筆的筆蓋快包覆整隻筆，屬於相當罕見筆蓋與筆身近乎等長的設計，造型大膽創新，適合喜歡追求新樣式鋼筆的男仕。可用卡式與吸墨兩種上墨系統。

226

227

FABER-CASTELL

德國的 FABER-CASTELL 是世界上最早的書寫工具品牌，創立於 1761 年，它是世界上最早的木鉛筆製造商，並以石墨和彩色鉛筆享譽全球，因為保有傳統原則，即使已過 250 年仍屹立不搖。橫跨收藏等級、藝術精品以及日常實用的廣泛定位，入門新手與資深玩家都能駕馭自如。

226

FABER-CASTELL ／
E-motion 黑金剛鋼筆 _ M 尖

FABER-CASTELL E-motion 黑金剛鋼筆為霧黑烤漆，連筆尖也做成黑色霧面，保有整體一致性。握感厚實，筆身刻意飾以紋理增添質感。彈性筆夾，便於插入口袋。採用現在最流行的吸水、卡式兩用上墨系統。

LAMY

1930 年，就在美麗的德國古都海德堡，強調機能、人體工學、現代設計，獲獎不斷的鋼筆品牌 LAMY 誕生了。品牌創立至今已有 80 年，雖然歷史並未悠久，但 LAMY 堅持每一項產品皆出自海德堡，強調設計並嚴選特殊材質，其鋼筆、原子筆、中性筆、機械鉛筆、墨水、筆芯等產品已遍布全球主要消費市場。

227

LAMY ／ LAMY 2000

以德國包浩斯主義為靈感，充滿濃郁現代主義設計氣質的經典款 LAMY 2000，自 1966 年推出至今雖已滿五十週年，仍維持一致的極簡流線鋼筆外型。筆身跟筆蓋以玻璃纖維作髮絲處理，握感輕盈。筆尖則是公認軟硬度最適合用來書寫的 14K 金。不過，大部分人平常使用的原子筆為硬筆尖，因此用硬筆尖更上手，14K 金的筆尖相對略軟，反倒被視為進階款。

BUY 誠品文具館

NAPKIN

來自義大利，成立於 2008 年的 Napkin，堅持義大利生產，手工製造，用設計，征服了全世界的眼光。
由於缺乏百年積累的經驗與，Napkin 以設計和創新作為最主要精神。除了投入資金進行產品研發，
也與義大利的設計學校、設計師共同合作，開發出多款造型搶眼、且考量現代使用機能的特殊筆款。

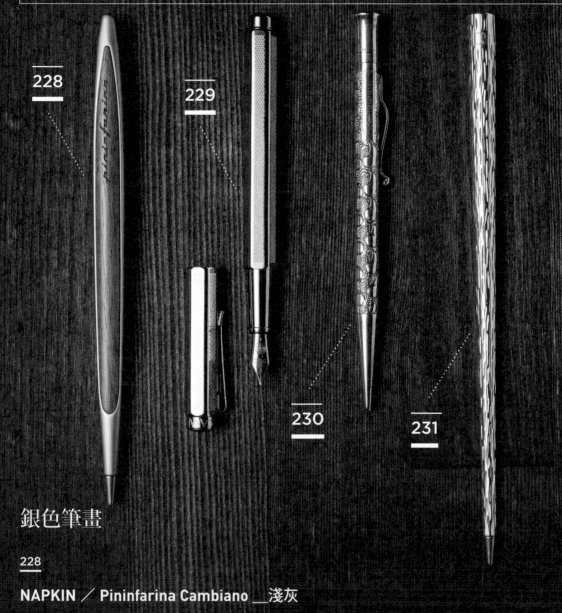

228

229

230

231

銀色筆畫

228

NAPKIN ╱ Pininfarina Cambiano __淺灰

此款「無印筆」是 NAPKIN 與設計法拉利聞名的汽車設計公司 Pininfarina 聯手推出，以跑車為靈感的筆款。最特
別的地方在於此款無印筆不需要墨水，筆芯為帶銀成分的金屬，直接在紙上書寫，即可見到筆畫痕跡。無印筆的設
計與文藝復興時期系出同門，使用無印筆猶如回味達文西時期的文人情懷。此筆款並另附原木筆盒，可直接當筆座
使用，很適合做為書桌擺飾。

229

Caran d'Ache ／
Ecridor Retro Guilloche · 復古麥紋

CDA 為瑞士鋼筆品牌，其設計的色彩筆舉世聞名。在設計 Ecridor Retro Guilloche 筆身時，融入瑞士傲人製錶工藝，以高級鐘錶常用的菱型刻紋呈現，而六角型輪廓筆桿，展現幾何造型的藝術美感。吸水與卡式墨水通用。

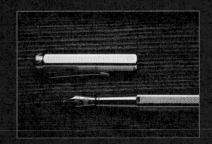

230

YARD-O-LED ／
Victorian Pencil 維多利亞鉛筆 _ 葡萄藤

承襲英國 200 年的製筆工藝，YARD-O-LED 維多利亞鉛筆以 925 純銀打造，筆身上也不吝展示享有國家級品質保證的榮耀印記。精緻的葡萄藤紋為手工雕刻設計。共 12 隻 1.18 公厘的筆芯呈環狀藏於筆身內，像是蓄勢待發的手槍子彈。使用時需手動轉到理想筆芯長度，猶如在書寫前進行一場禮讚儀式。

BUY 誠品文具館

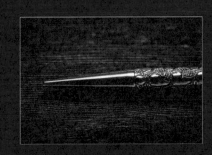

231

NAPKIN ／ Pretiosa · 銀璀璨版

璀璨版無印筆以鋁材質為筆身，並由擁有頂尖工藝的義大利工匠手工製造，讓 NAPKIN 永恆系列無印筆璀璨版超越原本鋁質的表現，打造猶如鑽石般閃閃發亮的華麗筆身。同樣是帶銀成份的金屬筆尖，需特別注意，特殊筆尖顏色偏淡，追求書寫時墨水顏色明顯的男仕較不適用。

Kaweco

Kaweco 是創立於 1883 年的德國文具老品牌，80
年前即開發出第一支可以放進口袋，方便攜帶的鋼
筆。旗下的「Sport」系列更是重點商品，小巧便
攜的設計讓鋼筆從原本的辦公室情境走入戶外。
品牌精神標語「體積雖小，成就無限」也反映了
Kaweco 力求創新的設計思維。

233

232

234

體積雖小，
成就無限

232

Kaweco ／ AL Sport 系列鋼筆__金屬原色 F

德國百年筆廠 Kaweco 推出的 AL Sport 系列，鋁材質加上合蓋筆身才 10.3 公分，相當輕巧，為罕見的袖珍筆款。不習慣拿袖珍鋼筆的男仕可將筆蓋插在筆桿增加筆身長度為 12.6 公分。經典八角造型讓鋼筆靜置時不易滑動，增添優雅。

233

Kaweco ／ CLASSIC Sport 系列鋼筆 / 藍 F

強化塑膠材質讓 Kaweco CLASSIC Sport 在顏色上多了很多變化，在台灣還配合推出限定藍色筆款。筆尖一般有四種尺寸，由粗到細分別為 B、M、F、EF，西方人多選擇 Medium，而中文字筆劃較複雜，台灣男仕多選擇 Fine 尖。

234

Kaweco ／ Lilliput 輕巧系列鋼筆 / 黃銅 F

比 Kaweco AL Sport 系列更迷你精巧的筆款，命名靈感來自《格列佛遊記》中的小人國 Lilliput，全長僅 9.7 公分，便於放置口袋攜帶。黃銅材質的筆身較易氧化，卻也因此帶來歲月痕跡的獨特韻味。平常可用擦拭布沾銅油保養。

BUY 誠品文具館

235

236

PILOT

在台灣辨識度極高的日本文具品牌 PILOT「百樂」
創立於 1918 年，成立於第一次世界大戰結束後的
百樂，也是日本第一家積極拓展海外市場的文具公
司。品牌創業初期，百樂的商品定位比較偏向高級
精品，譬如 1936 年倫敦海軍條約的簽署便使用其
鋼筆，百樂也因此聲名大噪。隨著品牌規模愈漸壯
大，產品愈趨多元，親情實用的文具形象也因此深
植人心。

輕熟男
鋼筆入門

235

PILOT ／ Justus 95

PILOT Justus 95 充分展現日本人的細緻情感，筆尖設計相當傑出。握位設有轉環可控制筆尖壓片，藉此調整書寫
軟硬與粗細度；轉至 H 時，舌片被壓住，筆尖較硬，適合寫漢字；轉至 S 的舌片鬆開、有彈性，可寫出如毛筆般
的效果或著色，喜愛素描畫畫的男仕般定愛不釋手。

BUY 誠品文具館

CROSS

1846 年，Richard Cross 在美國羅德島創立 CROSS，超過 167 年的品牌歷史累積，CROSS 在全世界擁有 25 項筆的專利註冊權。美國總統歐巴馬上任時，在就職典禮上便使用了 CROSS Townsend 黑琺瑯筆，訴求經典與優良質感的 CROSS 也因此有了「總統筆」的稱呼。

236

CROSS ／ Classic Century II 新世紀黑亮漆鋼筆 _ 適用卡水

CROSS Classic Century 系列筆身細長，以金屬筆桿搭配黑亮面烤漆。搭載圓錐狀的筆夾，是 CROSS 的獨特標記，屬於行家才看得懂的門道。筆尖為不銹鋼鍍金，揉合纖細花紋，並標誌筆尖粗細，易於辨識。

BUY 誠品文具館

日本 HIGHTIDE 手帳

1994 年成立於福岡，品牌名為「滿潮」的意思，象徵希望隨時充滿活力朝氣。HIGHTIDE 手帳的特點在於，除了定番款的設計更新之外，封面的質感與設計非常多元，清爽的麻質或是優雅的皮革等各種特殊封面，每年都再變化出提供不同的創意與趣味設計！

日式風味的生活紀實

237

238

237

HIGHTIDE ／
HIGHTIDE Diary _
A6 Block NA_ Lepre

日本知名文具品牌 HIGHTIDE，對手帳的細節要求極高。HIGHTIDE Lepre 選用米色紙張，格子顏色刻意採用淡灰色，比較不會造成閱讀負擔。考量到使用者會提前挑選明年要使用的手帳，日期安排自當年十月起至隔年十二月止，讓使用者擁有順暢的手帳轉換期。

238

HIGHTIDE ／
HIGHTIDE Diary_
B6 Block NY_ Worter

HIGHTIDE Diary Worter 由海軍藍外皮塑膠套燙金而成，像本精裝小書。內頁格式為橫式一週二頁，無瑕的純白紙張，滿足對白色有莫名狂熱的使用者。手帳本身沒有筆環設計，但可添購黏貼式筆環以擴充功能。

239

239

HIGHTIDE ／
HIGHTIDE Diary _ B6 NarrowMonthly NQ

手帳以亞麻材質封套完整包覆，看起來較有休閒感，特別以紅色刺繡點綴，在細節展示用心。封套設有拉鍊，具有收納功能，可放置筆、尺、便條紙等文具。內頁只有月計劃的設計，每月之間有 cheak list 表格，讓使用者便於掌握每月進度。

BUY 誠品文具館

Leuchtturm

1917 年在德國漢堡成立，其所出品的蒐集冊，百年來守護著歐陸百姓的郵票、錢幣。Leuchtturm1917 的特點在於堅持有書籤帶，使用線裝裝訂，並使用不透墨紙張，鋼筆書寫也不會滲透，且編入頁碼，方便查找。雖為百年老店，但仍年年加入新色，增添風尚感，賦予經典筆記本全新生命。

240

241

德國工藝的
純粹之美

240

Leuchtturm 1917 ╱
Week Planner_Master_ Black

到 5×22.5 公分的手帳，面積偏大，攤開查閱記事一目
了然，適合放在桌上使用。內頁一週兩頁直式，附有格
子紙，寫字時可將格子紙墊在紙張上，寫字更工整。建
議再搭配一本可隨身攜帶的手帳交替使用。

241

Leuchtturm 1917 ╱
Weekly Planner_Pocket_Army

1917 生產的 LEUCHTTURM 1917 Weekly Planner
手帳，有著無可挑剔的德國工藝背書，採外皮採用皮
皮質紋理材質，可加壓印打造個人特色，內頁小口袋
可置放票券等小物件。特別是手帳列出各國節日對照
表，包括台灣的農曆過年、中秋節等重要假日，使用
者便於規劃假期。

BUY 誠品文具館

ほぼ日手帳

由日本作家糸井重里主宰,誕生於 2001 年的ほぼ日手帳 (HOBONICHI),日文語意為「幾乎每天」的意思。品牌每年都會聽取使用者的建議,針對內頁格式改良。內頁的設定訴求 1 天 1 頁,可 180 度攤平打開輕鬆書寫,且使用巴川紙,適合書寫繪圖。每本手帳皆有獨一無二的製造序號,每年並會與設計師或跨界品牌聯名推出特殊封面!

242

日本藝人
愛用文青品牌

242

ほぼ日手帳／ Colors _ Royal Blue

ほぼ日手帳內頁採一天一頁格式,並帶動手帳界一天一頁的設計風潮,在日本演圈名人圈擁有超高人氣。由平面設計師佐藤卓設計內頁方格,經過年復一年的修改,終於成就現在的版本,內頁方格使用靈活度高,直書橫書皆可,不似直線條紋般受限。每日頁面下方都有小格言,傳達人生智慧,後來還推出英文版,方便海外使用者閱讀。ほぼ日手帳 Safari 手帳的封套有很多夾層與口袋,精緻實用,封套可單售。

BUY 誠品文具館

MOLESKINE

Moleskine 是兩個世紀以來歐洲藝術家和知識分子所用傳奇筆記本品牌，簡潔圓型書角、橡筋箍環以及可伸展的封底內袋都是它的辨識特徵。Moleskine 推出了一系列筆記本、日誌、工具本、包袋等閱讀配件產品，長達一世紀的時間，品牌受到了文學及藝術界人士的愛用。時至今日，Moleskine 筆記本仍是專業人士最信賴的經典品牌。

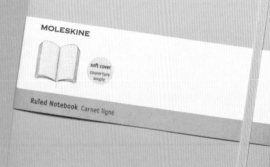

知識分子
經典記憶

243

MOLESKINE ／ Ruled Soft Notebook_XL

傳奇筆記本品牌，作家海明威、畫家梵家都愛用。外皮為仿鼴鼠皮，早期出硬皮材質，後來為滿足眾多消費者不同需求，才推出軟皮材質。MOLESKINE Ruled Soft Notebook XL 長寬為 25×19 公分，提供更多文字書寫空間，適合擺在家中或公司。

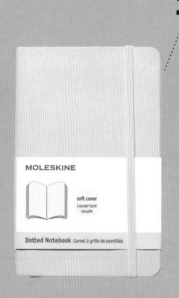

244

MOLESKINE ／
Dotted Soft Notebook_ P

擁有數本不同尺寸的手帳其實是件正常的事，允許多樣記事需求。MOLESKINE Dotted Soft Notebook 手帳內頁由黑點構成，使用者可自己將黑點連結成直線作為格線，不受制式直線影響，書寫更有彈性。

BUY 誠品文具館

245

MOLESKINE ／ Art Cahier Sketch Albums Plain_ P

MOLESKINE Art Cahier Sketch Albums 系列單價較實惠，封面為黑色厚紙板，內頁更特別選用素描紙，並加入縫線，只要沿著虛線，每頁都可直接撕下，方便使用者保存並整理圖繪作品。素描紙特別適合鉛筆、麥克筆、炭鉛筆書寫，很適合預算有限，或有特殊需求，如從事設計、繪畫相關的學生與專業族群。

246

246

23 MOLESKINE ／ Squared Notebook_L

大膽採用新顏色力求突破，但經典的圓角硬殼設計、束繩、擴充式內袋一樣都不少，同樣很幽默地印有失物招領空白欄。內頁方格每格為 0.5 公分滿格，特別適合理工科系學生畫數學公式，或是懷舊男仕，能將電影票根、車票有條有理地對齊格線貼平。

247

MOLESKINE ╱
Ruled Reporter Notebook_P

經典橫條筆記本雖有兩種尺寸，但特別推薦 14×9 公分的規格。因可握置單手書寫或單手換頁，不但便於攜帶，擺在桌上也不佔地方，其軟皮設計，讓你在外出採訪、事件現場或是靈感將至時，可輕巧地收入口袋。內頁附有經典橫條直線，特別適合文字筆記，需要快速機動書寫靈感的文字工作者。

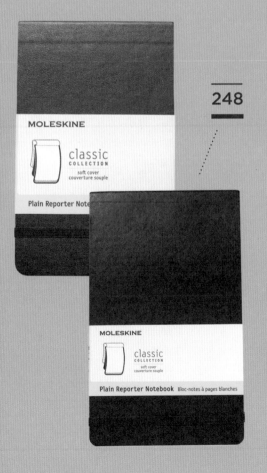

248

MOLESKINE ╱ Plain Reporter Notebook P
MOLESKINE ╱ Plain Reporter Notebook L

內頁的格式與 Ruled Reporter Notebook 完全相同，但移除了經典的橫條直線，改以素面內頁。素面的設計發揮空間大，除了文字記述，也很適合用來描繪地圖、街道等速寫圖繪。此款經典素面直式筆記本，同樣擁有 14×9CM 與 13×21CM 兩種尺寸。

BUY 誠品文具館

HAIR, SHAV
& GROOMIN

修容用品

刮鬍流程、梳具挑選、髮油使用、古龍水搭配，重點在於體驗日常生活中的美好細節。以男人必會的刮鬍為例，刮鬍前便可先塗抹「鬍前油」軟化鬍鬚，接著以「鬍刷」沾刮鬍皂或刮鬍膏起泡，才開始手動刮鬍。刮鬍皂或膏有潤滑作用，也提供護膚功能。不要因早上趕上班，而省略了日常中的美好，或許就是紳士的起點。

關於用具，則更有講究的學問。除了大家熟知的拋棄式刮鬍刀（Disposable Razor）、以及電動刮鬍刀（Electric Razor），常見的刮鬍刀還可再分為可替換式刮鬍刀（Cartridge Razor）、安全剃刀（Safety Razor），以及剃刀（Straight Razor）。刮鬍後的保養，也是一種美好的實踐，鬍後水通常含酒精，適合特愛清涼感的男仕使用；鬍後乳則相當溫和，不會產生刺痛感。若有蓄鬍，可再用鬍子油保養鬍子；若需要做造型，使用鬍子蠟展現自我風格。

髮型更是紳裝風格的一大重點。髮型產品則大致分為髮油（Pomade）、髮泥（Clay）與髮蠟（Wax）。台灣男仕多崇尚自然無光澤的髮型產品，髮泥的霧面質地，加上可創造線條自然、蓬鬆的潮流貝克漢頭，讓許多男仕指定使用。而髮油類單品也不遑多讓，水性髮油改良自油性髮油，結合油性髮油重覆塑型、定型強的優點，再加上洗髮時按一般程序即可去除，也有一票熱愛梳服貼、整齊復古油頭的男性粉絲！

* 髮品顧問：LUSSO Hair Salon／Taylor

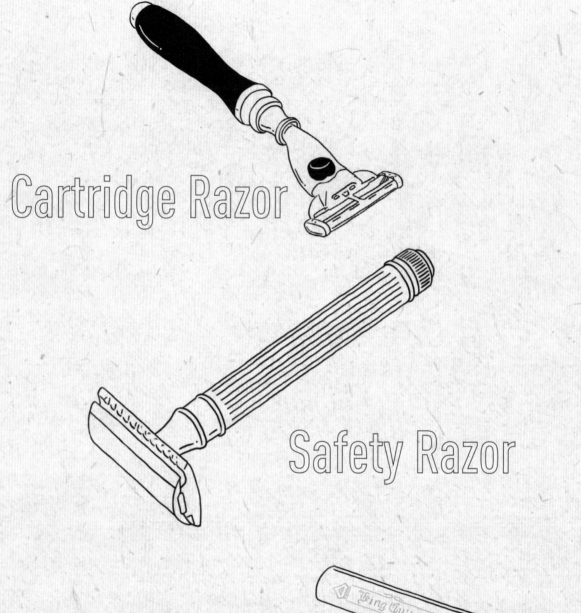

Cartridge Razor

Safety Razor

Straight Razor

刮鬍刀分類

可替換式刮鬍刀／Cartridge Razor

近年來，隨著手感、懷舊風潮盛行，許多男仕捨棄電動刮鬍刀，改採手動刮鬍，以慢時光細細體會男人才懂的刮鬍樂趣。由於可替換式刮鬍刀比電動刮鬍刀更容易根據臉部線條改變角度，刮鬍更徹底、好造型，鬍子多的男仕尤其有感。使用時也不易刮傷皮膚，相對安全。

市售開架的可替換式刮鬍刀刀柄大多為樹脂材質，放在浴室或長期使用後，刀柄的縫隙容易堆積水垢。也因此市場上出現同樣是可替換式，但刀柄使用牛角、木頭、仿象牙、等塑膠不同選擇的刮鬍刀。由於各家柄的重心、造型、質感各有不同，男仕可依據個人手感挑選心儀的刮鬍刀，端看個人使用習慣，不過可替換式刮鬍刀，通常仍對應系統刮鬍刀大廠的規格，三刀頭的刀片只能搭配三刀頭的刀柄，無法與五刀頭的刀柄相互替換。因此在選購前，仍須先確認其對應的刀頭是否符合自身需要。

安全剃刀／Safety Razor

安全剃刀又稱傳統刮鬍刀，搭配輕薄銳利的刀片，是早期父執輩的最愛。根據刀頭露出的方式，還可再分為單刃（single edge）與雙刃（double edge），兩種類型。因雙刃刀頭輪流刮左右臉較便利，加上不必像單邊刀頭需常常替換，成為男仕的普遍選擇。

而依其放置刀片的方式不同，可再分為三件式（three pieces）與旋開式（twist to open），前者可將刀身拆成三組零件，將刀片卡在孔洞固定；後者則可直接將刀頭打開直接放置刀片。刀柄同樣有金屬、樹脂等材質，刀片為國際通用，不需擔心尺寸不合。不過，「安全剃刀」之名乃英文之直譯，其實在使用上並不保證絕對安全，因其刀片外露，不小心會刮傷皮膚，使用需特別留意。

剃刀／Straight Razor

對許多男人來說，用剃刀刮鬍，充滿了復古瀟灑的危險氣質。剃刀主要分為磨式、夾式與推式，磨式剃刀需使用專用磨刀牛皮，讓刀片保持尖銳；夾式及推式則採用半片式刀片（Half Blades）。

由於剃刀非常銳利，危險性高，其實一般不建議自行使用，不過隨著近年紳裝、復古氣質的復興，被剃刀陽剛特性吸引的族群開始增長，愈來愈多男仕挑戰剃刀修容。剃刀優點可說零死角，是刮鬍產品中最適合用來做造型的一種，可細修鬍鬢輪廓，還可以修整頭髮，創造流暢線條感，甚至可以雕塑出星星、閃電等特殊圖案。不過，其危險性與失誤率也相對更高，若沒十足把握，還是建議由專業髮型設計師代為操刀。

Murdock London

2006 年，來自愛爾蘭的 Brendan Murdock 在倫敦開立了第一間的 Murdock London。現代化的設計但又具有老傳統的靈魂，新舊交融的服務定位，讓 Murdock London 快速獲得市場歡迎。作為倫敦備受追捧的高級男士理髮聖地，Murdock London 也以自行研發居家護膚產品、工具和配飾而聞名，全為英國製造，以英倫男仕護理工藝提供品味型男們在家也能自行體驗英式刮鬍工藝與護膚時尚。

249

Murdock London ╱ Turner Shaving Set · 刮鬍刀組

此款頂級刮鬍三件組，全程於英國手工打造，設計風格優雅，且質地出色。除了紳士自用，更常與起泡碗搭配，作為淑女送禮的首選組合。刮鬍刀組共有黑、米兩種顏色，內含刮鬍刀、獾毛刮鬍刷，以及刮鬍工具置放架。替換式刮鬍刀設計，可對應 mach3（鋒速 3）刀頭；使用獾後背毛，製成的刮鬍刷，質感細微滑順，敏感肌膚也能舒適應用，並打發最綿密細緻的鬍泡。

249

250

250

MURDOCK LONDON ╱
Shaving Bowl with Handle · 黑色起泡碗

此起泡碗的造型，是由英國理容老牌 Edwin Jagger 所設計。上寬下窄的設計，方便刷刷攪拌。起泡碗由陶瓷製成，堅固且造型亮麗。緩步走入浴室，從容起泡刮鬍，簡單樸實的質感好物，交換的是每日一時半刻的自在心情。

`BUY` X By Bluerider

251

Taylor of Old Bond Street ╱ No. 74 Mach 3 Razor Black · 入門款刮鬍刀

英國高端修容品牌推出的刮鬍刀，黑色亮面樹脂握柄，線條流暢，設計精美，手感厚實不沉重，與一般市售塑膠刮鬍刀相比，久置浴室也不會藏污納垢，可搭配吉列鋒速3（Mach 3）刀頭，只要輕推即可替換，由於刀頭可更換開架式規格，價格相對經濟，屬於入門款式。

251

253

252

Captain Fawcett ╱ Ricki Hall Booze & Baccy Moustache Wax · 聯名鬍鬚造型

蓄鬍文化中的頂級明星商品，以英國船長的失傳百年保養配方聞名，與龐克模特兒 Ricki Hall 聯名推出的鬍蠟以蜂蜜及菸草香為基調，混合了乳香、楓樹香氛及橡木的多層氣質，同時具有極強的塑型力，可以隨時占抹塑出鬍鬚線條，製造鬚律動感。

254

刮鬍方法學

252

Parker Shaving ╱ Sandalwood & Shea Butter Shave Soap · 檀木精油刮鬍皂

此款經典檀木香刮鬍皂，可鎮定心神，內含乳木果油，可潤滑肌膚，讓臉部更為滑順，刮鬍時也一併滋養臉部肌膚。

254

Parker Shaving ╱ Parker Push Type Barber Razor · 推式剃刀

剃刀刮鬍雖然帥氣，但其實使用上相當考驗使用者技術，大部分人只會用來修整眉毛或雜毛，畢竟剃刀的使用需要注重安全，操作時要注意角度、細心操作，此款不鏽鋼剃刀採用推式刀夾，類似美工刀式的推式刀夾，可以簡單滑推剃刀刀片，造型格外帥氣，也是令人愛不釋手的原因。

BUY Goodfort

Parker Shaving

以傳統剃刀起家，創立於 1973 年的 Parker Shaving，一直是刮鬍剃刀的代表品牌，除了經典的刀具，品牌更延伸出其他刮鬍相關產品、刮鬍碗、刮鬍皂等相關商品。

Truefitt & Hill

創立於 1805 年的 Truefitt & Hill，是英國歷史悠久也經典的男士理髮店。Truefitt & Hill 的一直是英國貴族與名流偏愛的傳遞店家。百年手藝與口碑堆積，也讓它們的品牌商品一直深獲好評。Truefitt & Hill 強調將男性日常理容轉化為傳統與品味的操作，其推出的刀具、鬍刷等修容產品，更皆於英國手工製作，由於承襲百年師匠工藝，因而深受經典紳士喜好。

255

256

看不見的風尚

255

Reuzel ／
After shave · Reuzel
鬍後水

有些男仕刮鬍完畢會忽略保養步驟，其實每天刮鬍容易讓皮膚變得脆弱，鬍後產品可收斂肌膚，甚至提供鬍鬚養分，建議鬍後水或鬍後乳至少擇一採用。荷蘭男仕髮風名店Schorem 推出的自家品牌鬍後水，質地清爽、帶著甘柑香味，不只深受專業理髮師推崇，也是一般男性日常愛用。

256

Truefitt & Hill ／
West Indian Limes
Shaving Cream Tube ·
西印萊姆刮鬍乳

傳統來說，經典的刮鬍膏香味，主要以木香或檀香為主，沉穩的木質調香氣，也容易傳達一股穩重與自然的氣質。如西印萊姆（West Indian Limes）濃香氣萊姆，散發青翠氣息，正符合其往昔傳統製作工藝，好讓難以抗拒的魅力及更輕鬆愉悅的方式不妨留意本產品。

257

257

Taylor of Old Bond Street ／ Styptic Pencil · 明礬止血筆

刮鬍時，偶爾一不小心大動作刮傷肌膚，只要以祖傳小撇步，由明礬製成的止血筆輕巧滑過就能快速止血，記得受傷時就要畫早擦抹，待傷口止血消毒後再輕拍鬍後水、鬍後乳等保養用品。止血筆使用後別忘了清洗，可重覆使用。

259

258

刮鬍保養
一次完成

258

MURDOCK LONDON /
Pre –Shave Oil · 鬍前油

Murdock London 的鬍前油是其明星商品之一。鬍前油可以視為刮鬍的前奏。使用鬍前油的目的主要在於軟化毛囊，同時也滋潤肌膚，加入保養的效果。而此款鬍前油含有甜杏仁油、小麥胚芽，佛手柑等天然成分，在刮鬍前按壓 3 至 5 滴保養油，可幫助紳士軟化毛囊，也降低刀片的刺激性。

259

MURDOCK LONDON /
Post-Shave Balm · 鬍後保養霜

此款保養霜加入甘菊、金盞花精華，能修護肌膚，消炎及抗菌，其中金盞花精華也可幫助止血，薄荷醇則可消除刺癢感。使用鬍後保養霜，除了可以減少刮完鬍子的刺痛感，幫助毛孔收斂，也具有附加保養作用。不同於傳統乳液的油膩感，舒緩清爽的效果，往往也讓刮鬍後的男仕們具有耳目一新的振奮感受。

BUY X By Bluender

Taylor of Old Bond Street

創立於1845年的修容品牌在是英國刮鬍膏代表品牌，它們強調品牌一定要體現經典英式風格，即要維持低調優雅，也要兼顧優秀的品質。其刮鬍膏強調加入天然草本配方，力求從傳統香氣中延伸出不同風味與創意的層次感，也讓這個百年品牌，雖然立基傳統，但仍能不斷吸引新世代紳士的愛用。

260

Taylor of Old Bond Street ／ Sandalwood Shaving Cream · 經典檀香刮鬍膏

不曉得該如何挑選刮鬍膏的香氣？「檀香」可說是刮鬍膏味道中，最經典也最具代表性的氣味。木質地的氣味，帶有清雅、舒緩的味道。由於木香不會讓人感覺太過刻意，同時也具有低調的男子性格，通常是傳統紳士的首選氣味。由於 Taylor of Old Bond Street 本身就是百年品牌，其配方遵循家傳古法，以檀木、廣藿香與香根草為基底，前調卻帶有天竺葵、薰衣草與迷迭香的味道。使用後臉上充滿了多層次的清雅淡香，心情也隨之舒緩。用手或鬍刷打泡塗抹皆可，若使用鬍刷，可先打濕再使用。

261

定義熟男風味

261

Suavecito Pomade / Suavecito Premium Blends Pomade · 油水混合改良式髮油

水洗式髮油的革新引爆了當代髮油產品百花齊放的變化性，在兼顧方便清洗與塑型效果的前提之下，Suavecito 推出的新一代產品，反而卻重新招喚了油性髮油的復古 DNA。兼容傳統油性抗濕熱與新式水性髮油易清洗的優點，使感細膩重塑力高，使用後髮色呈現自然霧光，散發薰苔調香，適合表現成熟穩重的男仕風範。

BUY Goodforit

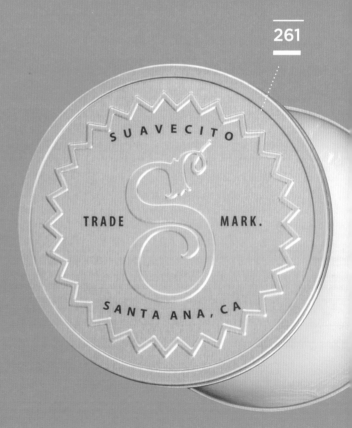

262

嗅得到的品味

262

MURDOCK LONDON ／
Shave Cream · 刮鬍膏

使用鬍前油後，便可開始起泡，此款刮鬍膏以月見
草油、琉璃苣油和綠茶做為配方，成分天然，也適
合敏感肌膚使用。搭配刮鬍刷與起泡碗使用，可打
出柔軟綿密的泡沫。抹上起泡後的刮鬍膏，可以讓
紳士的皮膚在刮鬍時更為柔滑。清洗後也具有柑橘
調微淡香味，讓人精神大振。

263

MURDOCK LONDON ／
Repairing Lip Balm · 男士護唇膏

Murdock London 男士護唇膏含酪梨、杏桃、蔓越
莓及金絲桃萃取精華，並具有薄荷香氣，乳木果油、
可可脂及羊毛脂成分可以幫助嘴唇保濕，避免水分
流失。輕輕一抹的細微動作，翩翩紳士的嘴唇便可
看起來健康並有光澤！

BUY X By Bluerider

263

264

265

另翼趣味延伸
淡淡率性

264

Mr. Longbeard (MLB)／
Beard Growth Cream・
天然草本大鬍膏

男人是否蓄鬍給人印象差距頗大；同樣一個人，清秀奶油小生可能因改留滿臉鬍渣而充滿野性男人味，讓育鬍文化在台灣逐漸受關注，然而，台灣男士的鬍量畢竟不及歐美人士茂密，想留出一臉帥格大鬍的紳士們，便會需要育鬍相關助品了。此款 Mr. Longbeard 育鬍膏，強調自然草本配方，除了鬍子，也可使用於睫毛、額頭及眉毛等部位，每天早晚洗完臉後，取出少量均勻塗抹至完全吸收，以刺激鬍子生長。

265

Detroit Grooming Company ／ TYPE 313 - 9MM GUN SOAP・薄荷竹炭手槍肥皂

以中國解放軍 92 制式手槍發想，Type 313 9mm 手槍肥皂造型大膽趣味，擺在浴室讓人聯想主人擁有搞怪童心，適合追求怪奇設計、喜歡另類事物的男仕。內含薄荷成份，使用後神清氣爽，由於台灣氣候潮濕，購買後發現些許水珠為正常現象，不必擔心。

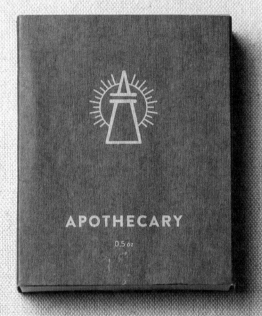

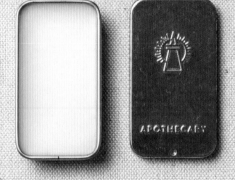

隨身施展
氣味魔術

266

**The Apothecary Malaysia ／
Cornerstone · 基石固態古龍水**

「基石」代表的是紀念碑或每一棟建築物中的
第一塊石頭，可以說每一塊石頭都是圍繞著基
石而開始建造的，它是最必要也最主要的基
礎。在這裡，基石定義的可以是一位老闆或是
領袖。品牌認為代表了溫暖與誘人的意象，配
方中更加入了廣藿香、檀香、雪松木、一點香
草以及辣椒粉，表現出木質調成熟、大器、溫
暖的親切香味。使用時可以指尖沾取塗抹於手
腕內側、耳後使用，獨特時尚香氣，增添成熟
與時髦並存的男性魅力。

267

Alfred Lane ／ Vanguard · 先鋒

配方添加乳木果油，具滋潤效果，滑蓋式外殼
方便取用。精巧包裝，如火柴盒般大小，可放
置口袋中。廠牌針對不同情境推出不同香氛，
此款「先鋒」氣息以木質香為主，展露男人冒
險精神，是同品牌回頭率最高的人氣商品。

268

Alfred Lane ／ Bravado · 自信

有些人不喜歡液態古龍水過於強烈的味道，固
態古龍水推出後，成為男仕的新選擇。此款自
信情境味道偏濃郁，卻又不至於刻意，適合下
班約會使用。記得不要放在汽車內，高溫的地
方可能導致固態古龍水融化、味道走樣。

`BUY` Goodforit

古老品牌的清新出擊

269

Taylor of Old Bond Street ╱ Jermyn Street Collection Alcohol Free Aftershave Lotion for Sensitive Skin · 傑明街古龍水

傑明街是一條集結多家紳士服名店的著名街道，Taylor of Old Bond Street 取地點為品項命名，從名稱上玩味產品與紳士意象之間的關聯性。此款香水不含酒精配方，特別適合敏感膚質的紳士。前段呈現天竺葵花蕊加入佛手柑、檸檬、萊姆與薰衣草香氣，基調則取麝香，廣藿香和香草風味。適合有生活品味，追求復古情調的男仕。效果清爽，讓人感受到老品牌的誠意與貼心。

270

Taylor of Old Bond Street ╱ Eton College Collection Gentleman's Cologne · 伊頓公學古龍水

曾經，古龍水與父執輩劃上等號，但在台灣近年開始流行正裝後，許多男仕不再追求新潮，反倒回頭追尋雋永、經典的味道，造就古龍水復興浪潮興起。伊頓公學是英國最著名的男校，此學校從創立至今已有超過 500 年歷史。許多皇室成員都是此學校的校友。此款伊頓公學古龍水是為了紀念品牌曾於此貴族校內開設理髮店而調製。融入花卉與果香，使用後散發器、尊爵的迷人風範，搭配正裝再完美不過。 **BUY** Goodforit

269

270

Groomarang ™

來自英國的創新品牌
Groomarang™主攻紳士鬍
鬚的梳理用具，男人的鬍鬚
就像他們的髮型，同樣能變
化出不同的造型設計。由於
市場上的鬍鬚梳具選擇相對
較少，Groomarang™特別
開發的鬍鬚梳理相關工具，
可說是鬍子紳士們的一大福
音。

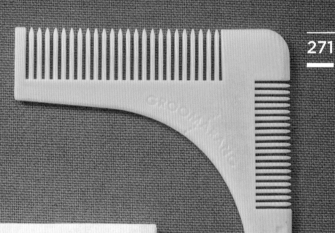

271

鬍子紳士的
工程用尺

271

Groomarang ™／
Groomarang Beard Styling and Shaping Template Comb · 鬍鬚多功能模板梳具

專為鬍鬚茂密的蓄鬍男仕推出的多功能模板梳具。讓臉頰化身工程藍圖，集合多種用途的模板，方便鬍子紳士對著
鏡子套量鬍鬚角度與位置，進行局部修剪。模板同時也是梳具，提供兩種齒距可因應不同濃密長短需求，方便臉頰、
下巴、頸部各部位鬍鬚輪廓的修剪。尾端毛刷還可隨時清理毛髮，實用指數高，大鬍紳士也能整剪出一臉俐落表情。

金屬工具強化
陽剛氣質

272

Krow's Combs ／戰術鐵梳

以槍械級不鏽鋼為材料搭配拋磨，手工拉絲製成，外觀搶眼粗獷，實際用起來卻意外溫順，使用好感度佳。戰術鐵梳強悍功能性為一大特點，梳具一邊是開瓶器，另一方則纏繞堅韌軍用戰術傘繩，可當作野外求生工具。品項本身雖具有粗獷氣質，但其開瓶與繩編的設計實用性高，不鏽鋼製成的梳身也極富質感，適合在休閒穿搭中加入些許陽剛氣質的點綴。

BUY Goodforit

英國皇室認證的
高品質入門梳具

273

Suavecito×Kent ／
7.5" Folding Handmade
Comb・Suavecito x Kent 聯名
手工 7.5 吋口袋折疊梳

此為英美兩大品牌聯名推出的口袋折梳，當
Suavecito 的美式瀟灑氣質，搭配 Kent 的經
典造型、推出後便獲得好評。此款聯名口袋
折梳僅在外觀設計上突顯燙金 Logo 處，其餘
部分則維持低調。主體展開後共長 19 公分，
大手男仕也方便梳握，且可折疊便於攜帶，
就算不帶包包出門，單放口袋也行！

273

274

Kent

創立於 1777 年的英國經典梳
具品牌 Kent，是英國皇室的
愛用品牌。品牌創立已超過
230 年的歷史，其梳具也因為
通過皇室認證、獲得女王頒布
的「英國王家御用徽章」而聲
名大噪。

274

Suavecito×Kent ／ Suavecito×Kent 6" Medium Handmade
Comb・Suavecito×Kent 聯名手工 6 吋扁梳

除了折梳，經典扁梳也非常經典。此款聯名扁梳同樣以 Kent 經典扁梳設計為主體；燙金 Logo 低調中突顯品牌識別，
手工製造，齒型緊密排列且疏密適中為典範。長 15 公分，加加入雙齒設計（double teeth），適合男仕梳理油頭造型，夫
抹髮油後使用細密齒面可讓髮油部分均勻，細膜齒間更容易分髮、整理瀏海或集中梳高局部造型。由於梳具尺寸稍長，較
適合男仕在家或出門前前的髮型梳理，同款設計還有 7.5 吋的放大版扁梳

BIXBY BRAND

來自英國的創新品牌 BIXBY
BRAND 是一個來自於美國的精
緻手工梳具品牌，品牌的起源其
實是音樂。原來品牌的創辦人是
位音樂愛好者，他很喜歡吉他的
pick，還有鼓殼上的賽璐珞材質。
他思考著如何能讓他喜歡的賽璐
珞質感也成為表演舞台中的一個
元素，因此他想設計出一個具有
獨特標誌但也可以結合功能性的
東西，讓觀眾看得見，樂手也能
使用，沒想到後來發展出一系列
大受歡迎的手工梳具。

276

275

275

口袋中飄散的
淡淡搖滾氣質

275

BIXBY BRAND ╱
Beard Pick · 淺琥珀機油色挑梳

以有機樹脂為原料，純手工打造，承襲百年傳統製梳法而成
的挑梳。梳具長寬為 7.5×3.5 公分，適合用作鬍鬢造型，
挑梳小巧精緻可放進口袋，便於攜帶，梳齒採圓尖面及拋霧
處理，刷過肌膚觸感正好。另有黑、祖母綠、黃金白等不同
顏色。尋找外出攜帶，且講求造型梳具色彩質地的男仕可特
別注意。

276

276

BIXBY BRAND ╱ Wide(Fine) Teeth Comb · 菸草色粗（細）距梳

長度適中的 5.5 吋（14 公分）梳具，同樣純手工製作，加入凹槽的設計，跳脫一般平面直梳造型，符合握梳時的
人體工學，手感也更為順暢緊密。鐵盒包裝的梳具極具質感，多色的變化亦可作為局部穿搭的選擇。同款設計並有
粗、細兩種齒距，可用粗齒先梳理方向，再用細齒做細部雕塑。

277

278

279

配件與玩具，
都是男人的幽默

277

Suavecito Pomade ／ Palm Comb · 攜帶式掌梳

知名水洗式髮油品牌 Suavecito 所推出的梳具。扁平的攜帶式造型掌梳，其實就是以六〇年代的經典復古掌梳為藍本。掌梳設有指環，梳具成為手掌的延伸。使用耐磨的工業級塑料製成，方便清洗，且具有不同於一般梳器的手感。這類小型掌梳就是專門用於油頭的梳整，透過手掌的撫梳，讓油頭更顯服貼並可同時按摩頭皮。同款設計還有縮小版的尺寸，可用來梳整鬍鬚！

278

Switchblade Pocket ／ 復古彈簧扁梳

還記得美國 60 年代的老派飛車黨、義大利黑手黨的基本配備嗎？此款彈簧扁梳的概念即是取自歐美兄弟的愛物——彈簧刀。此款造型梳具，加入飛車黨與義大利黑手黨的江湖趣味，主要材質為塑料，內部則改良彈簧及金屬元件，輕巧易攜帶。其定位較偏向穿搭道具與入門梳具。

279

The Goodforit Barberclub ／ High Standard Switchblade Comb · 高端珍珠握柄彈簧鐵梳

同樣取自彈簧刀的設計概念，但更提升整體手感與質感。特選 404 不鏽鋼材質打造，具有厚實梳體及穩重握感，背面更附有鐵夾，方便夾扣於褲包口袋，兼具裝飾與實用性。穿搭中加入些許幽默配件的應用，儼然成為點燃哥們聚會話題中的燦燦星火。

BUY Goodforit

Wild & Wolf

來自英國的設計品牌 Wild & Wolf ，強調它們所做的一切都是圍繞著設計。他們推出許多生活風格相關的男女用品，並依照商品定位與特色，分出不同系列。Gentlemen' s Hardware 便是 Wild & Wolf

清潔課　紳士保養

280

280

Gentlemen' s Hardware ／
Shaving Bowl & Soap · 琺瑯皂碗檀香鬍皂組

捨棄快速的刮鬍泡，從沾抹鬍皂開始，Gentlemen' s Hardware 琺瑯專屬皂碗檀香鬍皂組要男士練習手動打泡刮鬍，回歸老派英仕紳士的講究態度，建議另外搭配鬍刷使用，泡沫更綿密細緻。此外，鬍皂附上琺瑯皂皿，方便擺放收納，送禮自用兩相宜。

281

282

281

Gentlemen' s Hardware ／
Lip Balm · 無色無味配方護唇膏 (10g)

很多人覺得用護唇膏很「娘」，其實使用護唇膏不是女性的權利，男性也要記得適時滋潤雙唇。Gentlemen' s Hardware 護唇膏採無色無味配方，塗抹於唇上，沒有黏膩感，大大加深使用好感度而不敗的黑銀外盒搭配，從包裝就展現男仕獨特時尚眼光。

282

Gentlemen' s Hardware ／
Hand Salve · 護手霜 (85g)

強調無色無味無人工添加，適合各種膚質使用，與一般市售條狀護手霜相比，刻意以鐵罐帶來濃濃懷舊感，晉升好品味送禮達人行列。而 Gentlemen's Hardware 的包裝瓶罐也都很美觀，使用過後，鐵罐也可做其他利用，種種多肉、或是裝鈕扣、煙草，不經意流露重視品味的生活方式。

旗下一個訴求男用生活物件的系列。由於品牌本身就是從設計商品出身，Gentlemen' s Hardware 亦非常重視包裝，也讓它的商品具有濃厚的禮品定位，也是淑女送禮的最佳選擇。

283

Gentlemen' s Hardware ／ Brick Soap · 愛德華紅磚肥皂

英國 Gentlemen' s Hardware 系列禮品，為生活注入各種新鮮元素，推出從咖啡壺、折衣板、鞋把等等各種帶有英倫紳士風的物件。紅磚肥皂的概念仿自英國愛德華時代中建築常用的建築紅磚牆，價格實在，造型好玩有趣、帶復古元素，訪客來到自家洗手間洗滌時，也能讓人留下深刻印象。

284

Gentlemen' s Hardware ／ Hand Care Kit · 護手禮盒

禮盒中包括了紅磚肥皂、護手霜以及木質指甲刷，紅磚肥皂與護手霜也可分開購買。

BUY Goodforit

285

286

變化短髮層次與自然
蓬鬆效果

285

Black Label Grooming /
Craft Clay · 無光澤髮泥

全球爆紅的英國髮品品牌 Black Label 成立的首件
商品，甫推出就以黑馬之姿獲得高度矚目，甚至有
網友號稱 best clay i've ever used。配方取自風化
後火山灰的膨潤土配方，添加高黏度無光澤配方，
適用各種髮質，定型、重塑或打造高層次髮型皆展
現優異效能。儘管黏性高，洗頭時多搓幾下即可洗
去，頭髮在微濕或全乾時都可使用。

286

Fellow Barber /
Texture Paste · 多功能無光澤髮泥

紐約新銳髮品品牌 Fellow Barber 推出的髮泥產品，
不只是髮型，也可應用於鬍鬚造型可以表現出自然、
無光澤感的效果，特別適合喜歡蓬鬆感、不喜油膩
髮型的男仕。建議頭髮全乾時使用，雙手沾取適量
髮泥，搓揉後塗抹於髮根或髮尾。

BUY Goodfont

手指雕塑必修課

288

MURDOCK LONDON ／ Matt Putty · 霧面造型髮泥

此款霧面造型髮泥是品牌針對使用者建議進行回饋，開發出使用後可以表現自然柔潤髮型，但穩定性高的效果。適合運動量大，但又想維持復古油頭造型的紳士使用。霧面打造而成的髮型，視覺效果自然，但能輕輕鬆鬆維持穩固的髮型！

287

288

289

MURDOCK LONDON ／
Hair Doh · 亮面造型髮蠟

如果你需要極高的塑型力，此款亮面髮蠟會是你的口袋清單之一。它具有極高雕塑效果，甚至適合專業髮型設計師設計特殊髮型。此款髮蠟也很適合打造 50 年代流行的 quiff 髮型。光澤感可以讓頭髮顯得輕盈，高度塑型力可防止後梳或高梳的頭髮塌落。

BUY X By Bluerider

289

287

MURDOCK LONDON ／
Sea Salt Styling Spray · 海鹽造型噴霧

此罐海鹽噴霧必非保養品，而是造型品。萃取柑橘、檸檬精油與天然海鹽的精華，應用於濕髮，可做為頭髮在造型前的打底準備；應用於乾髮，則可以使頭髮呈現自然蓬鬆的霧面效果。

294
Modern Pirate ╱ Matte Clay Paste · 高黏性霧面髮泥

以檸檬皮蠟（Lemon Peel Wax）、向日葵籽蠟（Sunflower Seed Wax）與高嶺土（Kaolin Clay）作為獨特配方，聞起來不僅具有煙草味，還帶有些許柑橘味與椰香。複雜的配方不僅散發出時尚優雅的男子氣息，也有助維持頭髮與頭皮的健康。加入高嶺土也讓此款髮泥具有極佳的定型力，即便是一起床整頭亂髮也能輕鬆駕馭。水洗易清洗，其高效定型能力也很適合捲髮或局部易翹的部位。

295
The Legends London ╱ Maximum Hold Hair Gel · 英倫紳士復古膠

水洗式髮油盛行的今天，如果你想體驗傳統英式髮廊的老 Barber 配方，這款復古膠就是你唯一的選擇。它帶有一股清潔、獨特的氣味，不過習慣後卻意外耐聞。快乾，省時效，早上一抹即可出門；黏著、穩定度高，即便下班到俱樂部跳舞髮型仍然不變。它也是市面上唯一一款復古膠，尤其適合追求經典作風的傳統紳士。

在髮油世界裡，油水未必總是壁壘分明

290

Suavecito Pomade /
Suavecito Firme Hold · 強力款水洗式髮油

來自美國加州的 Suavecito Pomade 則主打水洗式髮油，近年快速地受到美、日兩地時尚雅痞男士的喜愛。此款經典髮油（original hold）加強版的塑型力與黏著性更強。適合表現經典的紳裝油頭，也可應用於近年流行的兩側俐落推剪，是當下髮油界的熱銷款。

291

Gonzo Original Supply ／
Super Slick Pomade · 江獸水洗式髮油

專為亞洲人設計的江獸水洗式髮油，力抗潮濕悶熱氣候，與髮型遇汗崩塌的困擾。產品於日本生產，加入獨家抗汗配方，具有非常強勁的定型效果，紳裝油頭幾乎是小菜一碟，其強度甚至可打造出日本狂派暴走、龐克族群的特色髮型。

292

Reuzel ／
Reuzel Blue Strong Hold High Sheen Pomade ·
藍豬強勁款水洗髮油

髮質偏軟的人，有時不適用一般黏度的水性髮油。此款荷蘭鹿特丹明星髮廊 Schorem Barbier 所推出的藍豬強勁款髮油，收乾後的定型效能，以及霧面光質地就很適合各種髮質使用。除了藍色款，還有紅色、綠色與粉紅色等不同配方，深富質感的仿舊設計，從外觀看起來看起來便極具個性。

293

Prospectors Pomade ／
Iron Ore Case · 淘金者鐵礦版髮油

Prospectors Pomade 的髮油內罐總飾有復古鐵鞍或煉油蒸餾塔圖案，彰顯硬派、陽剛形象。此款以鐵礦命名的此款水洗髮油，配方中也添加了大麻籽精油，除了具有塑型效果，更兼具髮質保養的作用。髮油帶有紅寶色澤，味道內斂成熟、不張揚。特別的是，此款髮油除了受到成熟紳士歡迎，也得到不少女性顧客的使用好評。

BUY Goodforit

PART 3

紳士的內涵

man's

The Thinker,
The Gentleman

文學紳士

通常定義的紳士（Gentleman），也意指仕紳，是早年階級制度中，最低階的貴族。現代對於紳士的身影認知，基本上是穿著得體，有西裝領帶皮鞋華服筆挺的既定印象；擁有專業領域的知識能力，行為舉止符合多數人期待的禮貌，也是團體中的意見領袖 這些都是外部輪廓的寫照。回到內在，紳士最有價值的，應該是某種思想。如果「紳士」一詞可以透過文學家來描繪，那麼「文學紳士」，除了立體與堅定的思想，他還會將思想落實於社會的行動者。二次大戰之後約莫二十年間，西方文學界曾經出現過一次特別美麗的盛世榮光。不僅只是小說家、劇作家、詩人們的出版品廣為流傳。那期間，這些文學家逐漸奠定了許多迄今依舊共通流動的創作認知。創作了《異鄉人》、《鼠疫》、《薛西佛斯神話》的卡繆；以《老人與海》成就了經驗者足以虛構人生的海明威；以《等待果陀》定義現代荒謬戲劇基礎的貝克特；透過《冷血》、《第凡內早餐》宣告大眾文化開啟的楚門‧卡波提；當然還有馬奎斯的《百年孤獨》，將日本美學推向世界的川端康成，以及在詩歌裡找到愛情的眼淚與微笑的聶魯達 這些文字藝術家，都是令人敬佩的「文學紳士」。他們在法國、美國、愛爾蘭、墨西哥、日本、智利 世界各地不同的國度，透過文學創作來探索思想，不斷帶領人類抵達繁花般抽象經驗的高處。

這種捕捉美感，描摹情緒，引起廣泛人的感官共鳴的努力，在逐漸失去細節觀察、感觸能力也日漸粗糙的現在看來，真的是另一種幽微與感性的價值。人之所以為人，與其他動物與生物不同，不僅只是理性思維，而是擁有這種捕捉抽象感知的能力。以抽象的文字捕捉抽象的情感，這件事本身就充滿矛盾，是一種美麗與哀愁。文學紳士也應是充滿矛盾的人道主義者。他們一方面透過這種矛盾，向內自省，時時刻刻進行自我批判。我們得以看見川端康成的反戰，也看見他在諾貝爾文學獎領獎時，發表〈我在美麗的日本〉，抒發自己對於日本與大和民族的美的體驗。如果現在，我們依舊覺得「日本」一詞足以代表某種內斂、細緻、羞怯、精美的感官美學，那麼川端康成透過小說家的筆，讓世界的目光眺望了日本列島。這就是文學家作為紳士，在精神層面上的展演。

另一方面，也因為這種極度浪漫的意志，這些文學家，對於日常生活，其實比讀者想像的更加入世，也真實地在實踐紳士風格。比如二戰爆發時，卡繆擔任《共和晚報》主編，然後在巴黎擔任《巴黎晚報》的編輯部秘書。德軍入侵法國之後，他躲入地下組織，加入反對法西斯的抵抗運動，也負責《戰鬥報》的出版工作。西班牙內戰時，聶魯達則是投身民主社會運動的行動者；浪漫的硬漢海明威，則是一名典型的戰地記者與獵人。當我們對現在的文學家懷有虛無與個人主義的既定印象時，其實是忽略了上一個世紀，那些以行動為現代文學奠定真實基礎的創作者。文學家是思想上的紳士，是將自我意志付諸行動的浪漫主義者。他們以文字實現社會改革，成為一輩子的權位反抗者。如果說，文學本身就是自我檢視的一種媒介，那文學家面對紳士的身影，甚至也出現如同貝克特的懷疑，質疑紳士作為一種階級位置的價值何在？或許就是因為反覆辯論與驗證，握著筆桿的文學家們，才是真的將日常生活轉化出藝術高度的另類紳士。

高翊峰　小說家、編劇、雜誌人。現在專職寫作。 2012 年《聯合文學》評選為「20 位四十歲以下最受期待的華文小說家」。曾任職 MAXIM、GQ、FHM 等雜誌。獲林榮三文學獎、聯合報文學獎、中國時報文學獎。編劇《肉身蛾》獲金鐘最佳編劇獎。《幻艙》、《泡沫戰爭》入圍台灣文學長篇小說金典獎決選、與台北國際書展大獎決選。

電影中的紳士姿態

Gentleman
in Action

文／徐明瀚

紳士姿態，起源於一種「地位」。在英國的悠久世襲傳統中，以前只有貴族名門，符合血統或宗派的條件才夠格稱得上 gentleman。但在 1830 年的法國大革命展開後，旋即為 1832 年的英國奠下改革法案基礎，舉凡中產階級都可被稱作紳士。這也說明為何 2012 年的電影【悲慘世界】算是歷史最早的、關於平民紳士的電影。本片由英國導演湯姆霍伯（Tom Hooper）執導，片尾法國大革命重要場景的男主角是由英國小生艾迪 瑞德曼（Eddie Redmayne）所飾演。一個平民鬥士，開創了英、法紳士新貴的抬頭。而在美國，許多中產階級變成新貴，【大亨小傳】這部美國新富階層的愛情故事，雖然描寫的是 1920 的爵士年代，但李奧納多 狄卡皮歐（Leonardo Wilhelm DiCaprio）在片中的角色就是一個暴發戶，即便西裝筆挺，但無論在愛

情關係，或對自己的紳士身分，皆有種不知如何自處的生嫩。反倒是熟稔於貴族文化和有閒階級的歐洲影星，紳士風範根本不用演，其中也不乏女性扮演紳士的電影，德國女星瑪琳 黛德麗（Marlene Dietrich）便曾在 1930 年的電影【摩洛哥】中女扮男裝，「她」的紳士扮相魅倒世人，可說比男人還男人，比紳士還紳士。紳士姿態是一種「情感結構」，它是小資產階級向上爬升後逐漸產生的自我良好感。在華語電影中，也可見到這類充滿紳士情懷的角色，梁朝偉飾演的多部電影皆是如此。李安的【色戒】，為 1940 年代那個張愛玲筆下風雲際會、詭譎多變的社會，塑造出易先生這個殘酷卻又紳士派的角色，他是一個可以隨時帶著女伴去買鴿子蛋鑽戒的老手，也難怪王佳芝會不由自主愛上他。而擅於拍攝愛情故事裡頭中層階級拘謹的魅力，更

非王家衛莫屬，【阿飛正傳】、【花樣年華】總是將 60 年代的香港呼應著 30 年代的上海，而梁朝偉從【阿飛正傳】片尾以周慕雲梳油頭、換西裝的畫面登場，一直延續到【花樣年華】、【2046】周慕雲對蘇麗珍出於情、止乎禮的紳士風範，皆是影史中的經典。紳士姿態，其實更像是一種「作風」。當代電影中的紳士潮流，最具代表性的是傑瑞米艾朗（Jeremy John Irons）這位身形清瘦、談吐優雅的紳士形象，從【法國中尉的女人】到【烈火情人】都可以看到他那種玉樹臨風的翩翩風度，隨著他到美國好萊塢發展之後，陸續接演反派角色，也失去了將英國紳士電影推向世界的可能。而 007 龐德系列，自從史恩 康納萊（蘇格蘭裔）、皮爾斯布洛斯南（愛爾蘭裔）再到現今的丹尼爾 克雷格

（英格蘭裔），紳士的作風逐漸被肌肉線條、武打動作所取代。在紳士風格稍微失焦的同時，2015 年【金牌特務】這種強調「禮儀，成就不凡的人」金士曼特務精神的電影便身負重任重出江湖，就是不讓龐德繼續橫行；社交禮儀、西裝革履內外兼修才是重點所在，重新讓影迷體會道地英式紳士風格。主演該片特務的柯林 佛斯（Colin Firth），其實早在 1995 年主演【傲慢與偏見】英國迷你影集的達西先生身上，就可以看出他貴族紳士的氣質，而 2001 年【BJ 單身日記】則幾乎徹底打開了當代紳士的所有可能，GUCCI 前創意總監 Tom Ford 後來找柯林 佛斯來演他首執導演筒的【摯愛無盡】，也只是再剛好不過而已。

徐明瀚　電影與藝術評論人。國家電影中心【Fa 電影欣賞】執行主編。國立交通大學社會與文化研究所畢業，現為國立台北藝術大學美術系博士生，策畫過多檔影展，研究領域坐落在當代歐陸哲學、東西美學現代性與華語獨立影片藝術之間。

PART 4

訂　製　一　位　紳　士

Making
of a Gent

eman

金牌裁縫的
訂製全講解

Step
by Step 訂製指南

金興西服／
設計總監 邱文興
總經理 游金塗

金興西服的店名，取自邱文興與游金塗兩位靈魂人物。兩位師傅皆是業界響噹噹的人物，超過 30 年的從業經驗，除了替多位名人製作服裝，兩位師傅更是國內外比賽常勝軍。除了多次得到全國裁剪公開賽的肯定，兩位師傅也曾代表台灣出賽，2016 年剛從泰國所舉辦的亞洲洋服同業聯盟大會勇奪創意設計金牌獎，及在韓國奪下「第 35 屆世界金針金線競賽男裝組金牌」以及「個人男裝設計師獎」的殊榮。

相對於女裝，男裝的設計其實具有許多框架與限制，一旦打破就會影響帥氣、成熟或穩重的感覺，所以男裝的世界，更強調優秀的用料以及工藝。在這樣的邏輯下，「訂製服」便是一種服裝工藝的極致呈現，也是男裝風格探索的一個必經過程。

什麼是訂製服？訂製服的魅力為何？對於沒有實際體驗過的人來說，很難解釋穿上訂製服之後合身愜意的從容自信感。不過沒有吃過豬肉，還是可以了解豬怎麼走路。La Vie 特別邀請金興西服的兩位靈魂人物邱文興（右）、游金塗（左），分享訂製服的流程與價值所在。

1

確認需求，挑選面料

沒有訂製經驗的人，通常會擔心師傅的手藝、版型是否符合自己需求。特別是年輕族群，更會在意是否合身、修身。因此在訂製之前的溝通，便是顧客與師傅互相了解的最好時機。建議可以先釐清自己製作的需求與場合，讓師傅充分了解你的需求，才能提供適當的面料建議。Dormeuil、Loro Piana、Scabal、Zegna 都是常見的高階面料，部分訂製店也會刻意挑選國內少見的特殊面料，做出市場區隔。入門者若無法判斷品質好壞，建議還是先回歸預算，以需求去挑選自己喜歡的顏色與圖案。

討論款式與設計

確定使用需求與目的後,接著就可以與師傅討論適合的樣式與設計、領型、扣數等細節。這個階段也可以進行於挑選面料前,重點在於使用者與師傅之間的溝通與確認。透過對話,多少可以感受到師傅的經驗、功力以及風格掌握的判斷。如果不是很確定自己的感覺,也建議可以多跑幾間店,找到最適合自己的師傅。

量身

設計方向確定之後,便可開始量身。這裡也是訂製服的重頭戲,量身的同時,店家也會把你的身型資訊記錄下來。而專業的師傅,除了詳實記錄身體尺寸,也要懂得以此判斷如何調整設計。有些人胸部的位置偏高,有些人手臂的長度較長,這些各有不同巧妙的身體姿態,便要與專業師傅的經驗結合,找到最適合的服裝比例、輪廓以及感覺。

打版設計

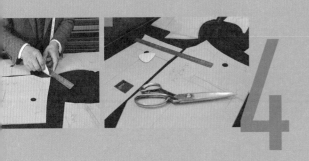

確定各項身型資訊後,師傅便會在紙版上描繪出個人的身型數據,製作一份獨一無二的版型。以此為範本,在選用面料上繪出版型,接著裁布,並手工縫製毛胚,打版與毛胚製作通常需要一至兩個星期。

毛胚試穿

所謂的毛胚,就是將平面化的個人數字,雕塑成立體化的服裝雛形。就像是畫作的素描初稿,藉此確定大方向是否正確。當毛胚完成時,師傅便會請顧客前來再次試穿,依據試穿的狀態,進行更精確的調整與修改。全訂製服至少都會有一次毛胚試穿,不過部分身型較為特殊的顧客,或會需要試穿到兩次,以確認成品的合身效果。

成品完成

無中生有是全訂製服的主要訴求,過程中會需要大量的手工縫製,在毛胚試穿後,師傅會依據調整後的方向,進行修改,一般會需要一至兩星期的製作時間來完成最後的成品(當然也要視店家是否手中同時有許多案子)。而當成品完成後,便可前往店家進行最後一次試穿,與師傅確認成品是否符合身型與需求。沒有問題的話,就可以把全新的西裝帶回家了!

文／ Daniel Chou、彭永翔、劉語柔

走訪紳士名店

Benson & Clegg

於 1937 年創立，在 1976 年搬到著名的 Jermyn Street 皮卡迪里拱廊街商場內（Piccadilly Arcade），並於 1992 年得到威爾斯親王查爾斯（HRH Prince Charles, The Prince of Wales）的皇家認證，為他提供鈕扣、徽章和軍用領帶，Benson & Clegg 是現代仕紳名流來到倫敦尋找高級訂製服飾的首選之一。
http://bensonandclegg.com

Berluti

時尚與優雅的造型，僅用肉觀看便可體會其美感與價值所在。皮鞋至此成為工藝與藝術的集合，也是所有紳士的夢幻鞋履。
http://www.berluti.com/com

Carnival

台灣最大西服品牌，也是許多大叔紳士的經典記憶。隨著紳裝年輕化的趨勢，除了推出副牌，也提供入門 MTM 套量訂製服務，CP 值極高的套量訂製也是入門紳士的練習起點。

Cutting Edge Barber Shop

內外兼備的英倫紳士髮廊
全台首間英倫紳士髮廊，由英籍專業理髮師 Daniel 實踐在待客之道。除了體驗專屬髮型設計，也不妨試試道地的英式刮鬚，徹底改頭換面一下。
https://www.facebook.com/Cuttingedgebarberhualien/

Crockett & Jones

經典百年老牌 Crockett & Jones 的所有鞋子都是以固特異鞋履工藝製成，使用鞋底與沿條相對獨立的縫製技術。製鞋過程複雜，每雙鞋需長達八週製造，經由八間工作室、200 多道步驟，保證每一隻鞋都能獨立更換鞋底，正是因為對傳統工藝的堅持，才能讓他們一直穩坐英國經典製鞋品牌的首選之一。http://www.crockettandjones.com

E. Tautz

前身為訂製老牌訂製品牌 E Tautz and Hammond & Co.，轉型後成為帶著 High Street Fashion 的運動時尚風格，一致的是對於材質的講究，但就輪廓採取 Oversize 設計，畢竟，做為紳士就該懂得在週末好好休息，服裝也是如此。

https://etautz.com/

Goodforit

主打美式復古、西岸風格男性用品，除了多種歐美居家、服飾品牌，更引入大量男用理容產品。各類刮鬍刀、梳具與髮油髮蠟都可在此搞定。除了實體店鋪，也推出 APP 方便外地紳士選購造型小物。

http://www.goodforit.com.tw/v2/official

Henry Poole & Co.

成立於 1806 年的 Henry Poole & Co.，有著輝煌的訂製歷史，現在你我所熟悉的燕尾服就是在 1886 年由 Henry Poole 所發明，早已成為男裝時尚的經典剪裁。拿下的皇室認證更高達 40 幾張，時序穿越百年，從威爾斯王子到邱吉爾都是他們的貴客。每位打版師皆有專門負責的國外市場，與該市場的顧客建立長遠關係，往往一合作，就是一輩子。

https://henrypoole.com

Hilditch & Key

時尚老佛爺 Karl Lagerfeld 身上的白襯衫都是由他自己設計衣領後，再交由 Hilditch & Key 的工匠們量身訂做。第一次訂製襯衫時最少需訂製 4 件，約需量身 22~26 個部位，如肩膀、袖長、袖口大小。一件訂製襯衫約需 16~18 雙巧手製作，分責將鈕扣縫上、製作袖口、衣領、就連最後的熨燙程序都有專人親手燙整，一切皆是魔鬼細節。

http://www.hilditchandkey.co.uk/

James Smith & Sons

19 世紀的創新發明福克斯金屬傘架（Fox Frame），以金屬取代過往歐洲使用的鯨骨傘架，可謂當代雨傘的典範，而 James Smith & Sons 就是第一家採用該設計的經典老店。

http://www.james-smith.co.uk

MCVING

時而復古時而前衛的設計趣味，呈現出紳士風格的現代、時尚的另翼氣質。在設計中加入多種使用可能，極富創意的設計讓紳裝風格亦可因應不同生活機能。

http://www.mcving.com/

New York Hat & CAP

台灣第一家引進美式復古紳士帽品牌 New York Hat 的店鋪，除了美式復古風格，也有日本手工紳士帽，帽款樣式豐富。這裡不僅是愛帽客的天堂，不時也能偶遇舞者與藝人來此尋找優質好帽。

https://www.facebook.com/NEW-YORK-HAT-116342368392792/

OAK ROOM

乘載遠從英國、義大利、西班牙、日本飄洋過海的紳士精品，英國百年老店品牌、皇室名人鍾愛皮件、領帶與西裝，讓忙碌卻渴望品味的男性，在舒適愜意的氛圍中，一次搜羅最 in 的行頭。

http://www.oakroom.com.tw/

UNITED ARROWS

嚴選日本與義大利當季最新款服飾配件，服裝風格涵蓋時尚、街頭、商務與休閒定位，最原汁原味的日本紳士定位，也是紳士玩家們必蒐的品味地圖。

http://www.united-arrows.tw/

Sculptor Barber

由藝術家周世雄所創立的 Sculptor Barber，翻玩老公寓軀殼的無限可能，創新的半價「約會理容」與「宿醉療程」，更體貼時常交際應酬的紳士們，療癒疲憊的肩頸和心神。

https://www.facebook.com/sculptorbarber/

X By Bluerider

思考著如何從藝術跨界生活，設計與美學的選物，或許便是一種解方。平面畫作、裝置藝術，藝術家聯名限定服裝、歐美皮件以及理容用品選物，鍾愛藝術氣息的藝文紳士必要到此一遊。

http://www.xbybluerider.com/

土屋鞄製造所

日本手工製作，以耐看耐用設計思維延伸而成的各類皮製包袋。由於做工繁複，店面並採預約制，從免費訂閱的「土屋通信」，即可一窺嚴謹、認真的品牌性格。

https://tsuchiya-kaban-global.com/

ORINGO 林果良品

強調品牌自主設計與台灣生產，沒有高調宣傳，好品質與平實親切的價格，是品牌默默成為國內紳士鞋入門首選的主要原因。
http://www.oringoshoes.com/

高梧集

引領紳裝潮流的訂製服店，不同於時下西裝，訴求基本教義派的訂製風格，偏愛領片較寬，下擺稍長、自然肩線的經典款式。更堅持所有西裝配件的合作工廠一定要到現場看過，不輕易妥協所有質感細節。
https://www.facebook.com/GaoWuCollection/

誠品文具館

一應俱全的各類書寫工具與筆記手帳，不論是入門或高端文具，誠品文具的選物眼光，總是獨到也風格獨具。每年並不定期舉辦多元文具策展，也是文藝紳士們的入門選擇。
http://www.eslite.com/

金興西服

兩位世界金牌師傅的訂製服專賣店，在此可見識台灣一流職人的專業技藝以及親和態度。兩位師傅的穿衣風格與美學品味，就如同店內陳列的多面獎牌：帥到不行。
https://www.facebook.com/goldentailor.tw/

雅痞士

主打紳士細節配件，嚴選多種口袋巾、領帶、圍巾與紳士襪品牌，蒐羅各種色彩、質地、圖案與設計，在家也能輕鬆採買風格配件。
http://www.yuppiesstyle.com/

鎌倉襯衫

相信懂得理解好壞優劣，堅持高品質但價格合理的襯衫專賣店。材質主要以100%純棉為中心，並使用 200 支到 300 支等最頂級素材，訴求提供最誠心正意的一針入魂職人氣魄。
https://www.facebook.com/kamakurashirt.taiwan/

紳士的
日常

紳士時尚
經典風格選物

250＋ Dandy Selects

作　　者　La Vie 編輯部
責任編輯　邱子秦、葉承享
特約編輯　林國瑛、張雅倫、劉宏怡、釋俊哲
攝　　影　張藝霖、劉信佑
封面設計　謝捲子、La Vie 編輯部
美術設計　謝捲子、La Vie 編輯部
插　　畫　謝捲子、陳宛昀

發行人　　何飛鵬
事業群總經理　李淑霞
副社長　　林佳育
主　　編　張素雯
出　　版　城邦文化事業股份有限公司 麥浩斯出版
E-mail　　cs@myhomelife.com.tw
地　　址　104 台北市中山區民生東路二段 141 號 6 樓
電　　話　02-2500-7578
發　　行　英屬蓋曼群島商家庭傳媒股份有限公司城邦分公司
地　　址　104 台北市中山區民生東路二段 141 號 6 樓
讀者服務專線　0800-020-299（09:30 ～ 12:00; 13:30 ～ 17:00）
讀者服務傳真　02-2517-0999
讀者服務信箱　Email: csc@cite.com.tw
劃撥帳號　1983-3516
劃撥戶名　英屬蓋曼群島商家庭傳媒股份有限公司城邦分公司
香港發行　城邦（香港）出版集團有限公司
地　　址　香港灣仔駱克道 193 號東超商業中心 1 樓
電　　話　852-2508-6231
傳　　真　852-2578-9337
馬新發行　城邦（馬新）出版集團 Cite（M）Sdn. Bhd.
地　　址　41, Jalan Radin Anum, Bandar Baru Sri Petaling,
　　　　　57000 Kuala Lumpur, Malaysia.
電　　話　603-90578822
傳　　真　603-90576622

總經銷　　聯合發行股份有限公司
電　　話　02-29178022
傳　　真　02-29156275
印　　刷　凱林彩印股份有限公司
定　　價　新台幣 480 ／港幣 160

國家圖書館出版品預行編目 (CIP) 資料

紳士的日常：紳士時尚經典風格選物 Dandy Selects
/ LA VIE 編輯部作 . -- 初版 . -- 臺北市：麥浩斯出版：
家庭傳媒城邦分公司發行, 2017.01
　面；公分
ISBN 978-986-408-245-2(平裝)

1. 男裝 2. 衣飾 3. 購物指南

423.21　　　　　　　　　　　105025055

2017 年 1 月初版一刷　　2021 年 4 月初版 4 刷 · Printed in Taiwan
版權所有 · 翻印必究（缺頁或破損請寄回更換）
ISBN：978-986-408-245-2

P2, 4, 5, 7, 13 14 17 20, 114, 142, 143, 168, 184, 185 圖片出處：Vecteezy.com